ANGELA BECK

Aquarium

EINRICHTUNG | PFLEGE | FISCHAUSWAHL

KOSMOS

INHALT

EINRICHTEN

SCANNEN UND ERLEBEN

QR-Codes im Buch scannen: Der schnelle Zugang zu weiteren Infos rund um Ihr Tier. Mit diesem Code oder unter www.m.kosmos.de/13940/t1 gelangen Sie zur Übersicht der QR-Codes. Wir empfehlen Ihnen eine WLAN-Verbindung zu nutzen, um lange Ladezeiten zu vermeiden.

VERSORGEN

PORTRÄTS

Planen und
EINRICHTEN

GRUNDAUSSTATTUNG

S. 12

Grundausstattung

Das brauchen Sie als Erstausstattung:

- ❑ Becken, ggf. Unterschrank
- ❑ Abdeckung mit Beleuchtung
- ❑ Filter, Filtermasse
- ❑ Heizung, Thermometer
- ❑ Aquarienkies, Dekomaterial
- ❑ Aquarienpflanzen
- ❑ Bodengrunddünger
- ❑ Wasseraufbereitungsmittel
- ❑ Starterbakterien
- ❑ Wassertests (Nitrit, pH, GH, KH)
- ❑ Eimer, Kunststoffschlauch, Mulmabsauger, Scheibenreiniger

S. 19

Wurzeln im Aquarium

Viele Fische brauchen Wurzeln im Aquarium, um sich darunter zu verstecken. Auf den Wurzeln wachsen Algen, die von manchen Fischen gerne abgeweidet werden. Schöne Wurzeln gibt es im Zoofachgeschäft; sie sollten sandgestrahlt und schwer sein. Wässern Sie die Wurzeln, bis kein Auftrieb mehr vorhanden ist, ehe Sie sie ins Aquarium legen.

S. 20

S. 25

Schöner Wohnen mit Pflanzen

Gestalten Sie das Aquarium wie eine Bühne, mit niedrigen, rasenartig wachsenden Pflanzen im Vordergrund und halbhohen Pflanzen an den Seiten. Hohe Pflanzen wirken im Hintergrund, während Solitärpflanzen besondere Akzente setzen. Lassen Sie noch Platz, damit die Fische auch schwimmen können.

Sicherheit im Aquarium

❏ Auf TÜV-, VDE- und GS-Zeichen achten.

❏ FI-Schalter vor der Stromzufuhr einbauen lassen.

❏ Vor allen Arbeiten am Aquarium Gerätestecker ziehen!

❏ Rückschlagventil hinter Luftpumpe und CO_2-Depot einbauen.

S. 22

6 SCHNELL WACHSENDE PFLANZEN FÜR DEN EINSTIEG

S. 24

Gutes Wasser

Starterbakterien aus dem Zoofachhandel verkürzen die sogenannte Einfahrphase, bis Fische ins Aquarium gesetzt werden können, erheblich. Erst wenn im Wasser kein Nitrit mehr nachweisbar ist, dürfen die Fische einziehen.

Unterwasserwelten
IM WOHNZIMMER

VIELE MENSCHEN träumen davon, einmal einen Blick in die geheimnisvolle Unterwasserwelt des Amazonas oder in einen thailändischen Urwaldbach zu werfen. Oder gar in den Tanganjika- oder Malawisee zu schauen! Mit einem Aquarium lässt sich dieser Traum sogar im eigenen Wohnzimmer verwirklichen. Die Aquaristik ist ein faszinierendes und beruhigendes Hobby zugleich.

Die Heimat der Fische

Am besten gelingt die Pflege der Fische und Pflanzen, wenn man sich die Heimatgewässer zum Vorbild nimmt. Alle Aquarienfische stammen ursprünglich aus den Tropen. Dort leben sie in zahlreichen Biotopen: vom kleinsten Tümpel bis zum See, von der sprudelnden Quelle über den mal rauschenden, mal träge dahinfließenden Bach bis hin zu jenem Fluss, der in einen großen Strom mündet und schließlich im weiten Delta im Meer endet.

Bedingt durch Regen- und Trockenzeit verändern sich die Lebensbedingungen der Fische im Lauf des Jahres in gewissen Rhythmen. Dies gilt für die Wasserchemie (die Inhaltsstoffe und der pH-Wert ändern sich), für physikalische Faktoren (Wassertemperatur, unterschiedlicher Wasserstand und Strömungsgeschwindigkeit) und ebenso für die Lichtverhältnisse.

Bäche Langsam fließende Gewässer in Südostasien oder Südamerika sind die Heimat vieler Aquarienfischarten.

Mangroven Ein besonderer Lebensraum für spezialisierte Fischarten im Übergang vom Süßwasser zum Salzwasser.

Sauerstoff Er gelangt durch Wasserbewegung ins Wasser – ob durch Wasserfälle oder den Auslauf des Filters.

Je nach Quelle, Untergrund (Bett oder Ufer) und Zufluss kann das Wasser weich, sauer und nährstoffarm oder aber hart, basisch und nährstoffreicher sein. Dazwischen gibt es viele Übergänge. Die Farbe kann rot bis schwarzbraun (Schwarzwasser) oder kristallklar (Klarwasser) bis hin zu lehmig trüb sein (Weißwasser).
Evolutionsbedingt sind die Fische bestens an den jeweiligen Lebensraum angepasst. Sie leben aber auch nicht immer im Schlaraffenland, in manchen Zeiten ist das Nahrungsangebot eher knapp.

Die Natur nachahmen

Im Vergleich zu den tropischen Gewässern ist unser Aquarium nur ein Fingerhut voll Wasser. Und doch lassen sich auch im Aquarium passende Bedingungen schaffen, sodass viele Fische und Pflanzen aus den Tropen bei uns leben und sich sogar vermehren können. Je extremer das Ursprungsgewässer ist, desto mehr Wissen ist jedoch erforderlich, um auch sogenannte „Seltenheiten" artgerecht und dauerhaft halten oder sogar nachzüchten zu können.

Leichter Einstieg

Im Aquarium sollten solche Arten gehalten werden, die ursprünglich zwar aus den Tropen stammen, aber nicht mehr in freier Wildbahn gefangen werden müssen. Die meisten werden bei uns oder im Ausland (hauptsächlich in Südostasien oder den Ursprungsländern) nachgezüchtet und sind daher an Wasserbedingungen gewöhnt, die man gut nachahmen kann.

Artenschutz

Durch die Aquaristik werden Fischarten erhalten, die in ihren ursprünglichen Lebensräumen durch Umwelt- und Lebensraumzerstörung nicht mehr vorkommen oder in ihrer Existenz stark bedroht sind.
Um den Fischen im Aquarium weitgehend artgerechte Bedingungen zu bieten, sollten Sie zuerst überlegen, welche Fisch- und Pflanzenarten in Ihrem Aquarium leben sollen. Denn danach richtet sich die Art und Ausstattung des Aquariums, vor allem aber die Wasserbeschaffenheit. ■

Hochwasser In der Natur kann der Wasserstand stark schwanken, der Lebensraum verändert sich dadurch enorm.

9

Lebensraum
FÜR FISCHE UND PFLANZEN

AQUARIENTYPEN In diesem Buch geht es um die Pflege von Fischen und Pflanzen aus tropischen Binnengewässern bei Wassertemperaturen von über 22 °C; daher spricht man von einem Warmwasseraquarium. Goldfische oder heimische Fische und Pflanzen fühlen sich darin nicht wohl. Sie brauchen ein sog. Kaltwasseraquarium mit Temperaturen von 15 – 21 °C.

Neben den bekannten Meerwasseraquarien für Fische, Niedere Tiere und Pflanzen aus kalten und warmen Meeren, die bei entsprechender Salzkonzentration gehalten werden, gibt es auch noch Brackwasseraquarien. Sie ahmen das Mischwasser von Flussmündungsgebieten nach (halb Süß-, halb Meerwasser), um Fische aus solchen Gebieten pflegen zu können.

Gesellschaftsbecken Mehrere Fischarten mit ähnlichen Anprüchen leben hier, am besten in den unterschiedlichen Wasserzonen.

Biotopbecken Buntbarsche aus den ostafrikanischen Seen werden meist in solchen Becken gepflegt.

Artenbecken Hier kann man für eine Art die genau passenden Bedingungen schaffen, etwa für Diskusfische.

Gesellschaftsbecken

Sie sind am häufigsten vertreten und beherbergen eine oftmals bunte Mischung mehrerer Fischarten aus unterschiedlichen Lebensräumen, deren Ansprüche an Temperatur und Wasserwerte vergleichbar sind.

Biotopbecken

In Biotopbecken werden natürliche Lebensräume nachempfunden und mit Fisch- und Pflanzenarten besetzt, die auch in der Natur gemeinsam vorkommen. Beispiele sind Mittelamerika-Landschaftsbecken mit lebendgebärenden Zahnkarpfen oder ein Malawisee-Becken mit entsprechenden Buntbarschen.

DIE BECKENGRÖSSE

60 x 30 x 30 cm	= 54 l
80 x 40 x 50 cm	= 160 l
100 x 40 x 50 cm	= 200 l
100 x 50 x 50 cm	= 250 l
120 x 40 x 50 cm	= 240 l
120 x 50 x 50 cm	= 300 l

Artenbecken

Fischarten, die besondere Ansprüche an die Wasserbedingungen stellen oder unverträglich mit anderen Fischarten sind, werden im Artenbecken gehalten und gezüchtet (z. B. Diskusfische).

Beckentypen

Das Becken wählt man so groß wie möglich, weil große Becken attraktiver, biologisch stabiler und einfacher zu pflegen sind. Neben den üblichen rechteckigen Becken gibt es auch mehreckige und gewinkelte Formen sowie Sondermaße auf Wunsch. Mit abgeschrägter oder gar gewölbter Frontscheibe eröffnen sich neue Dimensionen. Viele Aquarien werden mit passendem Unterschrank angeboten, in dem die technische Ausrüstung untergebracht ist. Sehr attraktiv sind Wandeinbauten oder Aquarien als Raumteiler.

Nano-Aquarien

Diese kleinen Becken werden meist als Komplettsets angeboten. Sie eignen sich für die Pflege von Garnelen oder besonders klein bleibenden Fischarten wie Zwergbärblingen. ■

Planung
UND VORBEREITUNG

DER ERSTE SCHRITT Eine gute Möglichkeit, sich verschiedene Aquarien anzuschauen und mit Aquarianern ins Gespräch zu kommen, sind sogenannte Aquaristikmessen oder -börsen. Hier treffen sich Aquarienfreunde und Züchter, oft werden Schaubecken aufgestellt und man kann sich unter Gleichgesinnten austauschen.

Meistens werden hier auch Zubehör (neu und gebraucht) sowie Nachzuchten von Pflanzen und Fischen angeboten. Schlendern Sie einfach mal durch und verschaffen Sie sich einen Eindruck. In einem gut geführten Zoofachgeschäft gibt es eine große Auswahl an Fischen und Pflanzen. Hier haben Sie die Gewähr, dass Sie neben der

Zuchtformen Mit prächtigen Farben und unterschiedlichen Schwanzflossen bilden Guppys einen attraktiven Blickfang.

kompetenten Beratung auch die richtige Ausstattung mit Garantie sowie vollen Service erhalten. Bei sogenannten Schnäppchen, oft als Gesamtpaket mit Becken, Technik, Beleuchtung etc., sollte man lieber vorsichtig sein. Oft sind die Aquarien zu klein, um ein stabiles Biotop zu erzeugen, Filter und Heizung sind dann zu schwach auf der Brust. Auch bei gebrauchten oder selbst gebastelten Aquarien sollte man die Augen offen halten. Denn ein fehlerhaftes Becken ohne Garantie, mit unzureichender Technik oder veralteter Ausstattung kann den Vorbesitzer zur Aufgabe seines Hobbys gebracht haben und wird nicht ausreichen, um Fische und Pflanzen optimal gedeihen zu lassen. Qualität hat ihren Preis, und das ist auch in der Aquaristik so.

Sicherheit

Die Aquaristik kann, wenn sie im normalen Rahmen betrieben wird, von keinem Vermieter verboten werden. Voraussetzung ist, dass keine Beschädigung der Wohnung entsteht. Erweitern Sie Ihre Haftpflichtversicherung, damit durch das Aquarium entstandene Schäden abgedeckt sind. Ein Wasserschaden kann teuer werden. Prüfen Sie bei Becken ab ca. 150 l die Statik des Fußbodens. Die nötigen Daten erhalten Sie vom Vermieter oder vom Architekten. Das Gewicht beträgt pro Liter Wasser ein Kilogramm, dazu kommt das Gewicht des Beckens, des Bodengrunds und des Unterschranks.

Der Standort

Der beste Platz für das Aquarium ist in einer dunkleren Zimmerecke, da direkte Sonneneinstrahlung das Algenwachstum fördert und das Wasser aufheizen kann. Also nicht am Fenster oder direkt neben einer Heizung aufstellen. Der Platz darf ruhig dunkel sein, denn dadurch wird die Unterwasserlandschaft zum attraktiven Blickfang in einer geräumigen Wohnung. Kleinere Becken stehen gut auf einem Schreibtisch oder in einem stabilen Wandregal. Es sollte allerdings gut erreichbar sein, sodass man sich beim Wasserwechsel nicht verrenken muss oder das Bücherregal unter Wasser setzt. Man kann das Aquarium auch als Raumteiler verwenden. Wer ein Becken mit Unterschrank wählt, braucht sich um die Stabilität keine Sorgen zu machen, da der Schrank auf das Gewicht des Aquariums abgestimmt ist. Außerdem kann man Kabel, Technik und Futtermittel gut verstauen. Ein Stromanschluss mit vier Steckdosen ist nötig. ■

EINKAUFSZETTEL

- Becken mit passender Isolierunterlage
- evtl. Unterschrank
- Abdeckung mit Beleuchtungseinrichtung
- Leuchtstoffröhren
- Rückwand
- Filter, Filtermasse
- Heizung, Thermometer
- Scheibenreiniger
- Kunststoffschlauch für Wasserwechsel
- Mulmabsauger
- Aquarienkies
- Dekomaterial (Wurzeln, Steine, Tonröhren)
- Bodengrunddünger
- Wasseraufbereitungsmittel
- Starterbakterien
- Wassertests (Nitrit, pH, GH, KH)
- CO_2-Dauertest
- evtl. CO_2-Anlage
- Aquarienpflanzen
- Fischfutter, Fischnetz
- noch keine Fische!

Die Technik
VON HEIZUNG UND FILTER

Aquarienheizstab Sie werden so im Becken angebracht, dass sie frei vom Wasser umspült werden können.

Innenfilter Er wird so platziert, dass durch das ausströmende Wasser die Wasseroberfläche deutlich bewegt wird.

GUT EINGEHEIZT Da die meisten Aquarienfische aus den Tropen stammen, brauchen sie warmes Wasser. Dafür gibt es verschiedene Heizsysteme. Am gebräuchlichsten ist ein thermostatgesteuerter Heizstab. Achten Sie beim Kauf darauf, dass er aus bruchsicherem Glas besteht und einen Überhitzungsschutz besitzt. Wählen Sie die Wattstärke nach Beckenvolumen und Raumtemperatur: ab 20 °C genügt 0,5 Watt Heizleistung je Liter Wasser. Unter 20 °C Raumtemperatur brauchen Sie 0,75 Watt. Wenn die Fische mehr als 26 °C benötigen, sollte man auf 1 Watt pro Liter zurückgreifen. Die Heizung darf allerdings auch nicht zu stark sein, sonst ist die Überhitzungsgefahr bei einem Thermostatdefekt zu groß. Bringen Sie den Heizstab frei von Kies oder Dekomaterial gegenüber dem Filtereinlauf an und ziehen Sie beim Wasserwechsel stets den Stecker!

Bodenheizung und Thermofilter

Wer gleichmäßige Temperaturen, üppigen Pflanzenwuchs durch gute Bodendurchflutung und absolute Sicherheit möchte, kann eine Bodenheizung mit Heizkabel und exakter elektronischer Temperatursteuerung wählen. Die Heizkabel

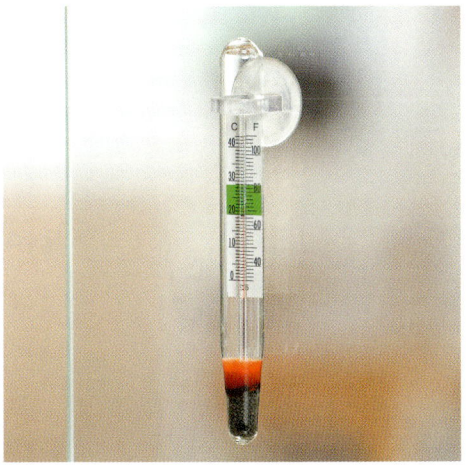

Aquarienthermometer Ein kurzer Blick am Tag gibt Ihnen Sicherheit, dass die Temperatur für Ihre Fische passt.

werden auf dem Boden des Aquariums in Schlangenlinien verlegt – ähnlich wie eine Fußbodenheizung – und anschließend mit Bodengrund bedeckt. Meistens kombiniert man sie dennoch mit einem Heizstab, um sie nicht auf vollen Touren laufen lassen zu müssen. Das könnte wiederum den Pflanzen schaden. Eine elegante Lösung sind die sogenannten Thermoaußenfilter, die zugleich filtern und thermostatgesteuert heizen.

Aquarienthermometer

Die Temperatur wird mit einem guten Aquarienthermometer überwacht. Zweckmäßig sind ein Bodensteckthermometer sowie ein fixierbares Schwimmthermometer.

Funktion des Filters

Der Filter ist sozusagen die Kläranlage des Aquariums. Zum einen wirkt er mechanisch, indem er gröbere und kleinere Schwebeteilchen aus dem Wasser entfernt, die am Filtermaterial hängen bleiben. Zum anderen siedeln sich viele Bakterien an der Oberfläche der Filtermaterialien an. Diese Bakterien übernehmen die Aufgabe, im Wasser gelöste schädliche organische Abfallprodukte, die durch Futterreste und Ausscheidungsprodukte der Fische in das Wasser gelangen, in weniger schädliche Stoffe umzuwandeln. Je mehr Filtermaterial als Substrat zur Verfügung steht, umso mehr Bakterien können sich ansiedeln und desto besser kann der Filter arbeiten. Zudem kann der Filter auch chemische Funktionen übernehmen, indem zum Beispiel Torf oder Aktivkohle eingesetzt werden, die dem Wasser gelöste Substanzen entziehen oder gegen andere austauschen.

Filterarten und -größe

Es gibt Innen- und Außenfilter, die, wie der Name besagt, entweder im Aquarium angebracht werden oder außerhalb stehen und durch Schläuche mit dem Becken verbunden sind. Größe und Volumen des Filters richten sich nach Beckengröße und Besatz. Stündlich sollen 80 – 100 % des Beckeninhalts das Filtermaterial passieren. Je länger das Filtermaterial bereits im Filter ist, umso geringer wird mit der Zeit der Durchlauf, Zudem sollten Sie auch die Strömungsbedürfnisse der Fische beachten.

Bewährt haben sich für Becken bis 60 l Inhalt luftpumpen- bzw. motorbetriebene Schaumstofffilter. In der Patrone können sich nützliche Bakterien ansiedeln, und Schwebeteilchen aller Art werden zurückgehalten. Sog und Wasserbewegung sorgen für eine gute Durchmischung des Beckeninhalts. Ebenso gut geeignet sind elektrisch regulierbare Modulinnenfilter. Topfaußenfilter und Thermofilter sollen ein möglichst großes Volumen haben. Für große Becken eignen sich Rieselfilter. Achten Sie beim Kauf aller technischen Geräte wie Heizer und Filter auf Bedienungsfreundlichkeit sowie auf TÜV- und GS-Zeichen. Zudem erhalten Sie vom Hersteller eine Garantie. ■

FILTERMATERIALIEN,
Luft & Licht

FILTERMATERIALIEN Das Herz des Filters sind die Filtermaterialien, an und in denen die Klärung des Wassers stattfindet. Mechanische Filtermassen entfernen feste Partikel aus dem Wasser. Es gibt Perlonwatte, Matten, Vlies, Tropfkörper und Tonröhrchen sowie Spezialschaumstoffe (die nach einiger Zeit auch biologisch wirken). Für den biologischen Schadstoffabbau brauchen Sie Tropfkörper oder Spezialsubstrate, die durch ihre große Oberfläche die Ansiedlung vieler Bakterien ermöglichen. Die volle Wirkung setzt meist erst nach zwei bis drei Wochen ein, da sich die Bakterien erst ansiedeln und vermehren müssen, bevor sie optimal „arbeiten" können. Daher sollte man das Aquarium mindestens zwei Wochen ohne Fische laufen lassen, bis sich ein Gleichgewicht eingestellt hat. Diese Zeit wird auch Einfahrzeit genannt. Die Zugabe von „Starterbakterien" beschleunigt diesen Prozess. Stark verschmutztes Filtermaterial wird ausgetauscht, sobald die Filterleistung merklich abnimmt.

Bei größeren Aquarien haben sich Außenfilter mit verschiedenen Filtermaterialien bewährt, durch die das Wasser durchströmt.

TIPP: BAKTERIEN ERWÜNSCHT
Wechseln oder säubern Sie nicht das komplette Filtermaterial auf einmal, damit stets genügend Bakterien vorhanden sind.

Besondere Filtermaterialien

Um schädliche Substanzen wie Chlor, Medikamentenrückstände, Trübungen oder einen starken Gelbstich zu entfernen, können Sie zusätzlich Filterkohle einsetzen. Nach ca. 48 Stunden entfernt man die Kohle wieder, weil dann die Absorptionswirkung rapide nachlässt und die gebundenen Stoffe wieder frei werden können. Chemische Filtermassen kommen zum Einsatz, wenn das Wasser verändert werden soll: z. B. Filtertorf zum Ansäuern, Austauschermaterial zum Enthärten, Härtebildner zum Aufhärten. Sie werden in Filtersäckchen gefüllt. Mit einem Schnellfiltereinsatz können Sie das Wasser schnell klären.

Durchlüftung

Auf eine Durchlüftung kann bei einem gut bepflanzten Aquarium mit wenigen Fischen verzichtet werden. Wird das Wasser bei Hitzeperioden zu warm, kann es jedoch zu Sauerstoffmangel kommen. Setzen Sie zumindest nachts, wenn auch die Pflanzen Sauerstoff verbrauchen, einen luftbetriebenen Ausströmer ein, der über eine Zeitschaltuhr an- und wieder ausgeschaltet wird. Für das optimale Pflanzenwachstum kann auch ein CO_2-Diffusor sinnvoll sein. Lassen Sie sich beraten.

Licht

Licht ist für guten Pflanzenwuchs und für das Wohlbefinden der Fische sowie vieler Mikroorganismen unentbehrlich. Fische brauchen u. a. Licht zum Skelettaufbau (Vitamin-D3-Synthese), für Haut und Stoffwechsel, sodass sie ihre schönsten Farben zeigen. Die Pflanzen benötigen es für die Fotosynthese, wodurch wiederum Sauerstoff freigesetzt wird. Die Beleuchtungsdauer lässt sich über eine Zeitschaltuhr regeln.

Wählen Sie eine Abdeckung mit Reflektor und möglichst mehreren Leuchtstoffröhren. Pro Liter Wasser brauchen Sie 0,4 – 0,7 Watt bzw. pro 10 cm Wassertiefe eine Röhre. Günstig für das Pflanzenwachstum ist die Kombination von mehreren Lichtfarben, die denen des Sonnenlichts nahekommen (Vollspektrum). Zwischen die Beleuchtungsabdeckung und das Wasser kommt eine Abdeckscheibe aus Glas, passend für die Aquariengröße mit Ausschnitten für die Kabel. Kalttonlampen mit hohem Blauanteil regulieren das Längenwachstum, Warmtonlampen mit hohem Rotanteil das Breitenwachstum der Pflanzen. Für oben offene Becken eignen sich HQL-Lampen. ■

Gut beleuchtet Die richtige Beleuchtung sorgt dafür, dass auch die niedrigen Pflanzen genügend Licht bekommen.

DAS AQUARIUM
einrichten

VORBEREITUNG Säubern Sie das Becken innen und außen gründlich mit Essig, spülen Sie es danach mit klarem Wasser aus und trocknen es ab, bevor Sie es aufstellen. Prüfen Sie am vorgesehenen Standort mit einer Wasserwaage, ob das Becken waagrecht steht. Wenn nötig, gleichen Sie den Schrank aus und nicht das Aquarium! Zur Sicherheit und Wärmedämmung legen Sie eine 0,5 – 1 cm dicke Isolierplatte oder -matte unter das Aquarium.

Eine Aquarienrückwand vermittelt Tiefe und Natürlichkeit. Für kleinere Aquarien empfehlen sich Fotorückwände (mit ruhigen, natürlich wirkenden Motiven), die von außen an der Rückseite des Aquariums angebracht werden. Bei größeren Becken kann man dreidimensionale

Rückwände in das Becken einbauen. Oft sind diese aus Kork oder Kunststoff und bilden eine Uferzone nach. Sie können auf unterschiedlichen Ebenen mit Wasserpflanzen bepflanzt werden. Diese Rückwände sollten lückenlos von innen an der Scheibe angebracht werden. Beachten Sie die Anleitung des Herstellers.

Weitere Ausstattung

Unter große Steine oder Felsaufbauten kommen Styroporplatten für den sicheren, unverrückbaren Stand. Als Nächstes installieren Sie das technische Zubehör wie Filter, Heizer und CO_2-Anlage exakt nach den Gebrauchsanweisungen, nehmen sie aber noch nicht in Betrieb.

Platz Stellen Sie das Becken auf eine ebene, stabile Fläche.

Technik Sie wird im noch trockenen Aquarium installiert.

Dekoration Wurzeln werden kippsicher aufgestellt, Steine auf ihre Breitseite gelegt, das wirkt am natürlichsten.

Der richtige Bodengrund

Für üppigen Pflanzenwuchs brauchen Sie kalkfreien Aquarienkies mit einer Körnung von 3 – 5 mm. Der Fische wegen sollte er möglichst rund (nie scharfkantig!) und von gedeckter Farbe sein. Er wird gründlich gewaschen, bevor Sie ihn in das Becken füllen.

Bringen Sie den Kies ca. 1 – 2 cm hoch ein. Darauf verteilen Sie gleichmäßig einen eisenhaltigen Depotdünger (Bodengrunddünger) und decken ihn mit 3 – 5 cm Kies ab. Der Optik wegen und zum besseren Absaugen von Mulm soll der Bodengrund nach hinten etwas ansteigen. Wenn Sie Panzer- oder Harnischwelse halten wollen, wird rund ⅓ der Bodenfläche (Vorder- oder Mittelgrund) mit feinem runden Kies (1 – 2 mm) ungefähr 3 cm hoch eingefüllt.

Wurzeln und Steine

Viele Fische brauchen Wurzeln (z. B. Saugwelse als Weide) und Steine als Versteck. Geeignet sind Basalt, Granit, kalkfreier Schiefer oder Steinholz. Alle Wurzeln aus dem Zoogeschäft sollten sandgestrahlt und möglichst schwer sein. Wässern Sie die Wurzeln, bis kein Auftrieb mehr vorhanden ist. Frisches Holz aus dem Wald eignet sich nicht, da es fault und erheblichen Auftrieb hat. Auch Fischverstecke aus Ton werden vor der Verwendung gewässert. Legen Sie sie auf pflanzenlose Freiflächen.

Für Fische, die im Boden laichen oder ihn als Lebensraum brauchen (z. B. Killifische), gestalten Sie den Bodengrund artgerecht mit Feinsand und Torffasern. Für Malawi- und Tanganjikasee-Becken eignen sich Kalklochsteine am besten.

Buchenlaub

Garnelen und Welse weiden gern auf Buchenlaub, manche Buntbarscharten bevorzugen es, um ihren Laich abzulegen. Die Buchenblätter werden im Herbst direkt von den Bäumen gepflückt, wenn sie schon braun geworden sind. Sie sollten trocken sein, ansonsten noch etwas trocknen lassen. Geben Sie wenige Blätter ins Aquarium. Anfangs werden sie noch oben schwimmen, dann sinken sie auf den Grund. Nach vier bis sechs Wochen sollte man die Blätter austauschen, bevor sie sich zersetzen. Laub enthält Huminsäuren. Diese wirken antibakteriell, sind jedoch etwas sauer. Das heißt, dass sich der pH-Wert in Ihrem Aquarium verändern kann. Bei Fischarten, die einen hohen pH-Wert benötigen, sollte man auf Laub verzichten. ∎

BEPFLANZUNG
Unterwassergärten

SCHÖN UND ABWECHSLUNGSREICH bepflanzte Aquarien sind mehr als nur eine attraktive Dekoration. Als Sauerstoffproduzenten erfüllen Wasserpflanzen auch wichtige Aufgaben für die Wasserqualität und sie gestalten den Lebensraum der Fische, bieten Nahrung, Verstecke und Laichplätze.

Eine Dekorationsskizze und ein Bepflanzungsplan erleichtern die Entscheidung, wohin Pflanzen, Wurzeln und Steine kommen. Die Natur und die Aquarienfotos im Buch bieten Anregungen für die eigene Kreativität. Dabei sollten die Bedürfnisse der Fische im Vordergrund stehen.

Mit Pflanzen gestalten

Kurze, niedrige, rasenartig wachsende Pflanzen rücken in den Vordergrund. Halbhohe Pflanzen zieren die Seiten und umsäumen Freiräume im Mittelgrund. Solitärpflanzen brauchen Platz, um schön zur Geltung zu kommen. Hohe Pflanzen wirken im Hintergrund und vermitteln den Eindruck einer grünen Bühne.

Vorbereiten

Achten Sie beim Kauf auf einwandfreie, kräftige Pflanzen und entfernen Sie Schmutz, welke Blätter und das Substrat (Steinwolle) aus den Töpfen; ebenso Schneckenlaich (Gallert) und Algen. Kürzen Sie angefaulte Stiele ein und schneiden Sie braune und dicke Wurzeln bis auf ca. 3 cm zurück.

❶ Etwas Wasser ins Aquarium füllen, dann die Pflanzen einsetzen.

❷ Die Pflanzenwurzeln werden mit einer Schere etwas eingekürzt ...

❸ ... und dann vorsichtig in den Kies eingesetzt, ohne zu quetschen.

Abdeckung drauf Wenn die Pflanzen eingesetzt sind und das Wasser aufgefüllt ist, nehmen Sie die Technik in Betrieb.

Einpflanzen

Bohren Sie mit dem Finger ein Loch in den Bodengrund und setzen Sie die Wurzeln oder Stiele ein, ohne sie zu quetschen. Schieben Sie den Kies so heran, dass sich der Austrieb oberhalb des Substrats befindet. Die Stängelpflanzen werden so gesetzt, dass sich die Blätter nicht überlappen. Knollen, Zwiebeln und Rhizome bleiben zu ⅓ vom Kies unbedeckt. Javamoos und -farn sowie Anubias werden mit einem unauffälligen Wollfaden auf Stein oder Holz gebunden. Verwenden Sie keine Bleiklammern oder Bleidraht, die das Wasser belasten.

Schon während des Einpflanzens füllen Sie das Becken zu 1/3 mit temperiertem Wasser (ca. 23 °C), am besten mit einer Gießkanne mit feiner Brause. Damit nichts aufgewirbelt wird, lassen Sie das aufbereitete Wasser langsam einströmen. Sind alle Wasserpflanzen am richtigen Platz, füllen Sie das Aquarium vorsichtig bis ca. 2 cm unter die Beckenkante auf. ■

PFLANZEN-PORTRÄTS Hier und auf der nächsten Seite finden Sie die beliebtesten Wasserpflanzen. Unter www.m.kosmos.de/13940/tb2 erhalten Sie die gleichen Infos.

SCHNELLWÜCHSIGE
Pflanzen

Krause Wasserähre

Aponogeton crispus stammt aus Südindien/
Sri Lanka. Die Knolle wird so eingesetzt, dass
die Keimseite unbedeckt bleibt. Pflege: Nach
2 – 3 Vegetationsphasen wird die Knolle für
6 – 8 Wochen kühl und luftig gelagert. Wasser
weich/mittelhart, 25 – 30 °C.

Karolina-Fettblatt

Die wuchsfreudige *Bacopa caroliniana* aus dem
südöstlichen Nordamerika wirkt in der Mitte
und am Rand des Aquariums in Gruppen zu
5 – 10 Stück. Stängelenden etwas kürzen, auf
5 cm die Blätter entfernen, 4 cm tief einpflanzen.
Pflege: Wasser weich/mittelhart, 20 – 26 °C.

**Krause Wasserähre, eine Knollen-
pflanze für die Erstbepflanzung.**

**Karolina-Fettblatt wirkt als kleine
Gruppe gepflanzt am schönsten.**

**Gemeines Hornblatt, auch gut als
Schwimmpflanze verwendbar.**

Gemeines Hornblatt

Ceratophyllum demersum ist ein sehr wüchsiger und empfehlenswerter Kosmopolit, der Schadstoffe abbaut. Man kann die Pflanze frei fluten lassen oder in kleinen Gruppen setzen. Sie dient den Fischen als Versteck, Laichsubstrat und Reviergrenze. Mittelhartes/hartes Wasser, 22 – 28 °C.

Wendts Wasserkelch

Cryptocoryne wendtii stammt aus Sri Lanka und eignet sich sehr gut zur Erstbepflanzung, da es schnell Ausläufer treibt. Platzieren Sie es vorn oder in der Mitte des Aquariums, leicht schattig unter andere Pflanzen. Pflege: Regelmäßiger Teilwasserwechsel, eisenhaltiger Dünger, pH 5 – 8, Wasser weich/mittelhart, 22 – 26 °C.

Brasilianischer Wassernabel

Hydrocotyle leucocephala ist in Mittel- und Südamerika beheimatet. Die Pflanze ist besonders schnellwüchsig und dekorativ und verbessert durch ihre Stickstoffzehrung die Wasserqualität. Zu lange Triebe kürzen und neu setzen. Pflege: Wasser weich/hart, 20 – 28 °C.

Mexikanisches Eichenblatt

Shinnersia rivularis stammt ebenfalls aus Mittelamerika. Eine sehr wüchsige, anspruchslose Pflanze, die man regelmäßig auslichten, etwas einkürzen und neu stecken sollte. In großen Aquarien ist sie gut zur Erstbepflanzung geeignet. Pflege: Lichtbedarf mittel/hoch. Wasser weich/hart, 20 – 28 °C. ■

Wendts Wasserkelch ist wüchsig und vermehrt sich durch Ausläufer.

Brasilianischer Wassernabel mit attraktiven rundlichen Blättern.

Mexikanisches Eichenblatt wächst bei guter Beleuchtung willig.

DAS AQUARIUM IN
Betrieb nehmen

Das Wasser aufbereiten

Frisches Leitungswasser kann aggressive fisch- und pflanzenfeindliche Stoffe enthalten (Chlor, Kupfer etc.), vor allem am frühen Morgen, wenn es über Nacht in den Leitungen stand. Daher ist es sinnvoll, das Wasser fürs Aquarium erst dann zu entnehmen, wenn vorher viel Wasser für andere Zwecke abgelaufen ist. Außerdem

können Sie ein Wasseraufbereitungsmittel aus dem Zoofachhandel verwenden, das diese Stoffe neutralisiert.

Ist Ihr Leitungswasser zu hart, muss es enthärtet werden (s. S. 32). Gute Zoofachgeschäfte bieten enthärtetes Wasser an. Damit das Becken von Anfang an gut „einfährt", geben Sie sogenannte Startbakterien hinzu, ohne die kein natürlicher Schadstoffabbau (z. B. im Filter) möglich ist (s. S. 16).

Abwarten Die Fische können erst einziehen, wenn die Filterbakterien arbeiten und kein Nitrit mehr im Wasser ist.

Messen Mit Tropfsets werden die Wasserwerte gemessen. Gehen Sie dabei nach der Gebrauchsanweisung vor.

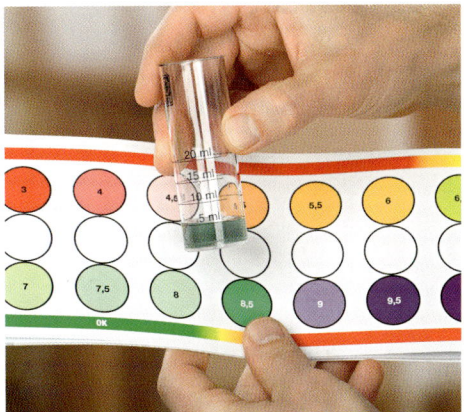

Ablesen Durch Vergleich mit der mitgelieferten Farbskala wird der jeweilige Wasserwert genau bestimmt.

Einschalten & überwachen

Anschließend gehen die Geräte (Filter, Heizung etc.) ans Netz. Kontrollieren Sie nach 3 – 4 Stunden, ob alle Geräte einwandfrei funktionieren. Die Beleuchtung programmieren Sie am besten über eine Zeitschaltuhr so, dass sie morgens gegen 9 oder 10 Uhr einschaltet und dann 10 – 12 Stunden brennt.

Der Sicherheitstest

Der CO_2-Dauertest ist ein „Muss" für jedes Aquarium. Mit diesem Test wird nach Inbetriebnahme des Aquariums der pH-Wert gemessen, nach ca. 30 Minuten wird der CO_2-Status angezeigt; grün ist optimal. Wenn die Farbskala in den gelben Bereich kommt, ist der pH-Wert zu niedrig und zu viel CO_2 im Wasser, was höchste Gefahr für die Fische bedeutet (Säuresturz). Bei dunkler Blaufärbung ist der pH-Wert zu hoch, und die Pflanzen erhalten nicht genug CO_2 zur

Fotosynthese; sie produzieren dann zu wenig Sauerstoff und wachsen nicht mehr. Nach zwei bis drei Wochen sollte alles gut laufen und die Wasserwerte konstant und auf einem guten Niveau liegen. Dann dürfen auch endlich die Fische einziehen. Sie werden erst eingesetzt, wenn kein Nitrit mehr nachweisbar ist und der Nitratgehalt unter 40 mg/l liegt. ◼

SICHERHEIT IM AQUARIUM

- Stabilität von Standort und Unterschrank prüfen.
- Auf TÜV-, VDE- und GS-Zeichen achten.
- FI-Schalter vor die Stromzufuhr einbauen lassen (unterbricht bei Gerätedefekt die Stromzufuhr).
- Vor allen Arbeiten am Aquarium Gerätestecker ziehen!
- Rückschlagventil hinter Luftpumpe und CO_2-Depot einbauen.
- Schlauchverbindungen und Filter regelmäßig auf Dichte prüfen.
- Silikonverbindungen nur mit Filterwatte reinigen, da Klingen die Verbindungen beschädigen können.

Garnelen
IM NANO-AQUARIUM

❶ Bienen-garnelen

Viele der im Zoofachhandel angebotenen Garnelen sind Bienengarnelen. Sie stammen ursprünglich aus Hongkong und werden in ganz unterschiedlichen Farben gezüchtet. Die rote Garnele auf dem Bild ist eine „Crystal Red", die braune eine „Black Bee".

❷ Aquarium

Kleine Becken, Nano-Aquarien genannt, sind ideal, um Garnelen zu halten und zu beobachten. Meist werden sie sogar mit Bodengrund, Heizer, Filter und Beleuchtung angeboten. Du kannst Steine als Dekoration hineinlegen und langsam wachsende Pflanzen einsetzen.

Mooskugeln ❸

Solche Mooskugeln sollten
in keinem Garnelen-Aquarium
fehlen, denn die Garnelen
suchen auf ihrer pelzigen
Oberfläche gerne nach Futter.
Die Kugeln bestehen eigent-
lich aus Algenfäden und
wachsen nur sehr langsam.
Lege sie einfach auf den
Boden des Aquariums.

Kardinals-
garnelen ❹

Auch die Kardinalsgarnele
wird für das Aquarium
gezüchtet. Sie heißt Caridina
dennerli und stammt von
Sulawesi, einer Insel in
Indonesien. Garnelen suchen
die Steine, Wurzeln und
Pflanzen im Aquarium nach
winzigen Futterteilchen ab.
Du kannst sie mit Garnelen-
futter aus dem Zoofachhandel
füttern. Gib nur soviel ins
Wasser, wie die Garnelen in
kurzer Zeit auffressen.

Fische einsetzen und
VERSORGEN

MEIN PFLEGEPLAN

S. 38

Wer mit wem?

Bei der Fischauswahl ist zu beachten, dass alle Arten die gleichen Ansprüche an Temperatur, Wasser und Futter stellen. Von Schwarmfischen kaufen sie mindesten sechs Tiere. Und wählen Sie Arten, die in unterschiedlichen Wasserzonen (oben, Mitte, unten) leben.

S. 42

Richtig Füttern

Zu viel Futter verdirbt und belastet das Wasser. Daher wird nur so viel gefüttert, wie die Fische in wenigen Minuten fressen. Es ist besser, mehrmals täglich wenig zu füttern, als einmal zu viel. Besonders wichtig ist dies jedoch im Urlaub. Hier lieber sparsam dosieren.

S. 46

S. 50

Wasserpflanzen

Die Pflanzen im Aquarium sind überaus nützlich. Sie

- produzieren Sauerstoff
- entgiften das Wasser
- verwerten Abfallstoffe
- sind Nahrungskonkurrenten der Algen
- dienen als Verstecke, Reviergrenzen, Laichsubstrat
- bieten Lebensraum für Kleinlebewesen

Ein paar Handgriffe

Täglich Funktion der technischen Geräte prüfen. Fische füttern und beobachten, ob sie gesund sind und Appetit haben. Die Pflanzen inspizieren.

Wöchentlich Einen Teilwasserwechsel vornehmen und die Wasserwerte testen. Die Scheiben reinigen und gelbe Pflanzenblätter entfernen.

Monatlich Einen Teil der Filterwatte wechseln, Pflanzen düngen.

S. 39

1cm FISCH PRO LITER WASSER

Wasser
UND WASSERPFLEGE

WASSER IST DAS ELEMENT, in dem alle Organismen im Aquarium leben. Als gutes Lösungsmittel wird es von den enthaltenen Stoffen geprägt, die mit dem bloßen Auge oft nicht zu sehen sind. Alle Stoffe im Wasser beeinflussen das Wohlergehen und die Fortpflanzung der darin lebenden Organismen: Tiere, Pflanzen, Mikroorganismen. Im Aquarium finden zudem Prozesse statt, die das Wasser verändern können. Über all dies gibt nur eine chemische Analyse Auskunft.

Wie in der Natur

Die Aquarienfische stammen zumeist aus tropischen Gewässern und sind an die Wasserverhältnisse ihres natürlichen Lebensraums angepasst.

Schaffen wir optimale Lebensbedingungen in unserem Aquarium, die denen des natürlichen Lebensraums entsprechen, wird es den Fischen gut gehen. Ein gewisser Spielraum ist möglich, weil auch in der Natur von Ort zu Ort und jahreszeitlich bedingt Unterschiede in Temperatur und Wasserzusammensetzung auftreten, doch es sollte nur geringe Abweichungen geben. Diese Faktoren bestimmen die Wasserqualität:

Gesamthärte GH

Sie ist die Summe aller im Wasser gelösten Erdalkali-Ionen und wird durch den Gehalt an Kalzium- und Magnesiumsalzen bestimmt, die mit dem GH-Test erfasst werden.

Wassertest Für Ermittlung der Wasserwerte stehen verschiedene Testsets zur Verfügung, die exakt messen.

Wasserqualität Sie ist von entscheidender Bedeutung, damit die Fische sich wohlfühlen und ihre Farben zeigen.

Gesellschaftsbecken Hier sollen die gepflegten Fischarten die gleichen Ansprüche an die Wasserwerte haben.

Die Gesamthärte gelangt aus dem Leitungswasser und durch das Dekorationsmaterial, das Härtebildner abgibt, ins Aquarienwasser. Gesenkt werden kann sie durch Zugabe von Wasser aus Umkehrosmose- oder Vollentsalzungsanlagen. Die GH beeinflusst Kondition, Krankheitsanfälligkeit und Stoffwechsel, Nerven- und Enzymaktivität, Skelett- und Zellaufbau und die Fortpflanzungsbereitschaft der Fische. Ein Mangel an Magnesium führt zu Störungen bei der Muskelkontraktion und Blutgerinnung.

Karbonathärte KH

Sie ist die Summe des gelösten Hydrogenkarbonats (Bikarbonats) im Wasser und wird besser als Säurebindungskapazität bezeichnet. Durch die Wechselwirkung mit dem pH-Wert hat die Karbonathärte entscheidenden Einfluss auf das Wohlbefinden der im Wasser lebenden Organismen: Sie wirkt als pH-Puffer und verhindert ein zu starkes und schnelles Absinken des pH-Wertes, was zum tödlichen Säuresturz führen würde. KH wird durch CO_2, Säuren und biogene Entkalkung beeinflusst.

3 – 10 °KH sind optimal für das Aquarium. Cichliden aus dem Malawi- und Tanganjikasee brauchen über 10 °KH. Diese Werte sollten um nicht mehr als 3 °KH über- bzw. unterschritten werden.

pH-Wert

Er resultiert aus allen im Wasser gelösten sauren und basischen (alkalischen) Stoffen. Das Maß für die Ionenkonzentration ist logarithmisch, d.h., eine pH-Änderung von z.B. 6 auf 7 bedeutet eine 10-fache, eine Änderung um 2 Stufen eine 100-fache Konzentrationsänderung. Die Fische können auf solch krasse Veränderungen mit deutlichem Unbehagen oder gar mit dem Tod reagieren. Halten Sie daher bitte die in den Fischbeschreibungen angegebenen Werte ein! Ein CO_2-(pH-)Dauertest schafft Sicherheit. Unzuträgliche pH-Werte führen zu Schäden an den Ausscheidungsorganen, zu Eiweißgerinnung, Kiemenverätzungen, Schleimhautschäden, Flossenklemmen, Schwimmproblemen, Stress, Krankheitsanfälligkeit und verminderter Fortpflanzung. ■

DIE WASSERHÄRTE

0 – 7 °dGH	weich
8 – 14 °dGH	mittelhart
15 – 21 °dGH	hart
über 21 °dGH	sehr hart

DER PH-WERT

0	sehr sauer
7	neutral
14	sehr basisch

Temperatur
UND SAUERSTOFFGEHALT

TEMPERATUR Auch die Wassertemperatur muss den Bedürfnissen unserer Fische entsprechen. Zu niedrige Temperaturen verlangsamen den Stoffwechsel der wechselwarmen Tiere und führen zum Tod, zu hohe beschleunigen den Stoffwechsel, bedeuten Stress, eine geringere Lebenserwartung und verringern den Sauerstoffgehalt des Wassers. Schnelle Temperaturveränderungen führen zu Stress, Dunkelfärbung, Schreckhaftigkeit, verstärkter Atmung und Gasblasenkrankheit. Halten Sie daher die angegebenen Temperaturen auf +/– 2 °C ein! Dies gilt gerade beim Wasserwechsel. Hier sollten Sie entsprechend temperiertes Wasser einfüllen.

Sauerstoff

Fische, Pflanzen und Mikroorganismen benötigen Sauerstoff zum Leben, den die grünen Pflanzen durch die Fotosynthese bei Tageslicht produzieren.

DIE SAUERSTOFFSÄTTIGUNG

°C	maximale Sättigung (100 %)
15	10,6 mg
20	9,1 mg
25	8,3 mg
30	7,6 mg
35	6,9 mg

Der mögliche Gehalt im Wasser ist von der Temperatur abhängig. Die Sauerstoffsättigung sollte immer mindestens 80 % der Werte in der Tabelle betragen; unter 50 % gibt es Probleme. Sauerstoffmangel führt zu Verblassen und Appetitlosigkeit, Unruhe, Luftschnappen, Taumeln und Krankheitsanfälligkeit der Fische.

Sauerstoffmangel

Zu Sauerstoffmangel können führen:
- schlechter Bodengrund, Mulm, ungepflegter Filter
- zu viele Fische, zu viel Fischfutter
- Atmung der Fische, Atmung der Pflanzen in der Nacht
- Lichtmangel, zu wenig Pflanzen
- (tote) Algen
- tote Schnecken
- sauerstoffzehrende Stoffe wie z. B. Heilmittel
- zu hohe Temperaturen

Abhilfe schaffen:
- Belüftung
- Teilwasserwechsel
- Abstellen der Negativfaktoren
- Filterpflege
- mehr Pflanzen
- optimale Beleuchtung

Einfahrzeit Zuerst wird das Becken eingerichtet, doch die Fische kommen erst, wenn die Wasserwerte stabil sind.

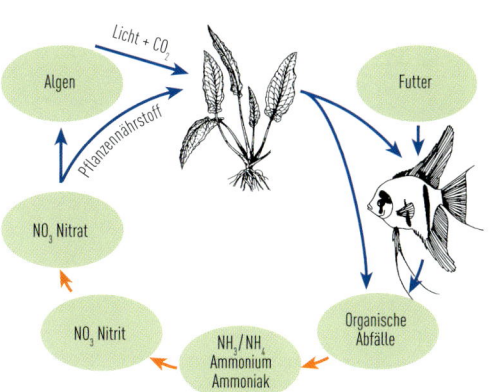

Bakterien Sie bauen die organischen Stoffe zu unschädlichem Nitrat ab, das beim Wasserwechsel entfernt wird.

Wann Fische einsetzen?

Unmittelbar nach dem Einrichten des Aquariums sind die Pflanzen noch nicht richtig angewachsen, das Wasser ist oft trüb und biologisch noch nicht einwandfrei. Die wichtigen Bakterien in Bodengrund, Filter und Becken haben sich noch nicht in ausreichendem Maße vermehrt, um anfallende Stickstoffverbindungen abbauen zu können: Kot und Urin der Fische, Futterreste, abgestorbene Pflanzenteile usw. zersetzen sich im Wasser zu Ammonium und Ammoniak, das durch die Bakterien Nitrosomonas und Nitrobacter über giftiges Nitrit zu Nitrat abgebaut werden. Dabei wird Sauerstoff verbraucht (siehe Schema). Warten Sie daher nach der Neueinrichtung ca. 2 Wochen, ehe Sie die ersten Fische einsetzen. Erst wenn der Nitrittest kein Nitrit mehr nachweisen kann, können die Fische einziehen. Das anfallende Nitrat wird beim regelmäßigen Teilwasserwechsel aus dem Wasser entfernt. Der Nitratgehalt soll unter 40 mg/l liegen. ■

Wasserwert	Leitungswasser	Idealwert *	Datum	Datum	Datum
Temperatur					
Karbonathärte KH					
Gesamthärte GH					
pH-Wert					
Nitrit NO$_2$		0			
Nitrat NO$_3$		unter 40 mg/l			
Sauerstoff O$_2$		über 80 %			
Eisen Fe		0,1 mg/l			
Phosphat PO$_4$		unter 0,1 mg/l			
Kohlensäure CO$_2$		bis 10 mg/l			
* Hier die Ansprüche der gewünschten oder gepflegten Fischarten eintragen					

HILFE BEI
Wasser-
problemen

Problem	Ursache	Abhilfe
Das Wasser ist trüb.	Massenvermehrung von Infusorien oder Schwebealgen; abgestorbene Fische oder Schnecken; aufgewirbelter oder gärender Bodengrund; Überfütterung; überlastetes Filtermaterial.	Infusorien oder Schwebealgen mit UV-Lampe bekämpfen. Filtermaterial austauschen, evtl. Filterkohle zugeben. Präparate aus dem Zoofachhandel.
Graue, schmierige Haut auf der Wasseroberfläche.	Bakterien wegen zu geringer Oberflächenbewegung.	Teilwasserwechsel plus Wasseraufbereitungsmittel; Oberflächenabsauger vor den Filter schalten; Filterauslauf so einstellen, dass die Wasseroberfläche aufgerissen wird.
Wasser riecht muffig, faulig.	Faulender Bodengrund; zu wenig Wasserwechsel; altes Filtermaterial.	Bodengrund überprüfen, ggf. austauschen; häufiger einen Teil des Wassers wechseln; Filtermaterial austauschen, evtl. Filterkohle zugeben. Regelmäßig Mulm absaugen.
Wasser ist gelb-braun.	Zu viele Ausscheidungen und humin- und gerbsäurehaltige Substanzen.	Teilwasserwechsel; pH, Nitrit und Nitrat regelmäßig kontrollieren. Kohlefilterung entfernt die Färbung, nicht aber alle Stoffe.
Bodengrund ist schwarzbraun, faulig riechende Blasen steigen auf. Pflanzen faulen von unten, Wurzeln werden schwarz.	Falsche Bodenzusammensetzung; faulende Stoffe (Torf, Erde usw.). Zu feiner Kies, zu hohe Schicht, daher schlechter Wasserdurchsatz.	Bodengrund austauschen. Körnung 3 – 5 mm, 7 cm hoch. Bodengrunddünger.

Scheibenputzer Der Antennenwels hilft bei der Beseitigung von Algen, indem er sie von Wurzeln, Steinen und Scheiben abraspelt.

Problem	Ursache	Abhilfe
Schnecken sterben.	Medikamente oder unverträgliche Wasserzusätze; schneckenfressende Fische.	Wasserwerte kontrollieren und ggf. verbessern. Während Medikamentenbehandlung Schnecken separat unterbringen.
Wasser ist zu sauer. (pH zu niedrig; S. 33)	Zu wenig Karbonathärte (KH), zu viel Säurebildner, zu viel CO_2, Säuresturz.	Teilwasserwechsel, stark durchlüften, CO_2 prüfen (Dauertest).
Wasser ist zu alkalisch. (pH zu hoch; S. 33)	Zu viel Härtebildner, kalkhaltiges Dekomaterial, Ausgangswasser zu hart.	Härte auf 3° senken (durch Teilwasserwechsel mit vollentsalztem Wasser). Über Torf filtern. CO_2 prüfen und ggf. Torfextrakt zugeben.
Wasser ist zu weich. (Härte S. 32)	Zu wenig Karbonathärte im Ausgangswasser.	Teilwasserwechsel mit Wasser höherer Karbonathärte. Härtebildner aus dem Zoofachhandel zugeben.
Wasser ist zu hart. (Härte S. 32)	Leitungswasser ist zu hart; kalkhaltiges Deko- oder Filtermaterial.	Teilwasserwechsel mit vollentsalztem Wasser oder Enthärtungssystem verwenden. Über Torf filtern.
Deckscheiben haben harten, grauen Belag.	Kalkablagerungen durch Wasserverdunstung, besonders bei hohen KH-Werten.	Deckscheibe abnehmen, mit Salzsäure (10–20 %) oder Essig reinigen. Kalkränder im Becken mit mechanischem Scheibenreiniger entfernen. KH-Werte prüfen und ggf. korrigieren.

AQUARIENFISCHE
auswählen

AQUARIENFISCHE sind die Hauptdarsteller in unserem Aquarium. Damit es ihnen gut geht und Sie viel Freude an ihnen haben, erfahren Sie hier, was die Fische alles brauchen. Ganz wichtig: Warten Sie nach der Neueinrichtung noch ca. 2 Wochen, ehe Sie die ersten Fische einsetzen (siehe Seite 35).

Wer mit wem?

Wer die Wahl hat, hat die Qual. Wenn Sie im Zoofachgeschäft vor den Becken mit den bunt schillernden Aquarienfischen stehen, sollten Sie wohlüberlegt auswählen, denn nicht alles, was gefällt, ist für den Erstbesatz des Aquariums geeignet.

Roter von Rio Als Schwarmfisch fühlt er sich in der Gruppe wohl, daher mindesten 6 – 8 dieser Salmler kaufen.

Beachten Sie bei der Auswahl und Vergesellschaftung der Fische folgende Punkte:

- Alle Fischarten müssen die gleichen Tempe-
  ratur- und Wasseransprüche stellen.
- Schwarmfische fühlen sich im Schwarm am
  wohlsten (mindestens 6 Tiere).
- Alle Wasserzonen mit jeweils nur wenigen
  Arten besetzen.
- Kein Aquarienbewohner darf dem anderen
  nach dem Leben trachten oder ihn dauerhaft
  jagen bzw. Unruhe stiften.
- Manche Fische kann man nur einzeln halten
  (z. B. Kampffischmännchen).
- Zum Erstbesatz gehören auch algenfressende
  Fische, z. B. Zwergharnischwelse.
- Auch im Hinblick auf die Futteransprüche
  sollen die Fische zusammenpassen.
- Anfangs nur Fische kaufen, die leicht zu halten
  sind. Falls die gewünschten Arten in diesem
  Buch nicht aufgeführt sind, folgen Sie bitte
  den ausdrücklichen Empfehlungen Ihres Zoofachhändlers. Zusätzlich können Sie sich in
  der weiterführenden Literatur oder auch im
  Internet (siehe Seite 77) über die Fischarten
  informieren.
- Das Aquarium nie überbesetzen. Als Faust-
  regel gilt: höchstens 1 cm Fisch pro Liter
  Wasser einsetzen; besser ist nur 1 cm Fisch
  pro 2 Liter Wasser. ■

TIPP: DIE OPTIMALE GESELLSCHAFT

Schon beim Kauf des Beckens, spätestens vor dem
Einrichten, sollten Sie entscheiden, welche Fischarten
Sie halten wollen. Denn eine wahllos zusammen-
gewürfelte „Fischgesellschaft" wird Ihnen auf Dauer
keine Freude bereiten. Oftmals harmonieren die Fische
nicht miteinander oder fühlen sich nicht wohl, weil
sie unterschiedliche Bedürfnisse haben.

ANFÄNGERFISCHE

1. **Roter Neon** Kleiner, friedlicher Schwarmfisch.
2. **Guppy** Sorgt für Nachwuchs im Aquarium.
3. **Schwertträger** Gibt es in verschiedenen Farben.

Fische kaufen
UND EINSETZEN

Beim Kauf beachten

Achten Sie darauf, dass die Fische in der Aquarienanlage des Zoofachhändlers munter und lebendig mit gespreizten Flossen umherschwimmen. Körper und Flossen sollten frei von grauen, roten oder blutunterlaufenen Stellen, Verletzungen, Belägen und kleinen weißen Pünktchen sein – die Fische sollten optisch kräftig (nicht eingefallen) und rundum gesund aussehen. Die Fische sollten auch nicht an der Wasseroberfläche nach Luft schnappen, weder schaukeln noch sich winden oder an Dekorationsmaterial scheuern. Der Kot, wenn welcher zu sehen ist, soll dunkel und geformt sein, nicht grau und fädig. Gesunde Fische stürzen sich auch beim Zoofachhändler auf angebotenes Futter.

Der Transport

Die ausgesuchten Fische werden in Tansportbeuteln aus Kunststoff verpackt. Bei kurzen Wegen unter 45 Minuten und großem Transportbeutel können die Fische ohne Sauerstoffzugabe transportiert werden. Sonst wird Sauerstoff zugegeben.
Panzerwelse werden getrennt eingepackt, weil ihr Dorn an der Fettflosse andere Fische verletzen könnte.

Lassen Sie den Transportbeutel mit Papier o. ä. undurchsichtigem Material umhüllen, um den Fischen Stress zu ersparen. Bringen Sie die Fische dann warm, vor allem aber schnell nach Hause. Legen Sie den Beutel nicht auf heiße oder kalte Autositze!

Transportbeutel In stabilen Beuteln mit Sauerstoffzugabe gelangen die Fische sicher zu Ihnen nach Hause.

Nehmen Sie den Transportbeutel und hängen Sie ihn ins Aquarium.

So kann sich die Temperatur im Beutel angleichen.

Nach und nach wird Aquarienwasser dazugegeben.

Die Fische einsetzen

Stellen Sie einen sauberen Eimer und ein weiches Netz bereit und schalten Sie das Licht im Becken ab.

Öffnen Sie den Beutel und testen Sie zunächst das Transportwasser (KH, pH, Sauerstoff), bevor Sie die neuen Fische ins Aquarium setzen. Bei deutlichen Abweichungen zum Aquarienwasser wird die Umgewöhnung sehr langsam und in kleinen Schritten vorgenommen.

Geben Sie dann ca. ¼ Liter Aquarienwasser in den Beutel und hängen Sie ihn zur Temperaturangleichung für ca. 15 Minuten ins Becken (mit Wäscheklammern am Beckenrand befestigen). Dann die Hälfte des Transportwassers in den Eimer schütten und den Beutel wieder mit Beckenwasser auffüllen. Nach weiteren 15 Minuten den Beutel direkt neben dem Aquarium über dem Netz in den Eimer leeren und die Fische vorsichtig in ihren neuen Lebensraum entlassen. Beutelwasser wegschütten.

Beobachten Sie die Fische, aber lassen Sie das Aquarium zunächst in Ruhe. Das Licht wird erst am nächsten Tag angeschaltet und dann werden die Fische auch gefüttert.

Gesundheitstipps

- Für neu gekaufte oder pflegebedürftige Fische sowie Jungfische ein separates Becken bereithalten.
- Im Krankheitsfall stets eine exakte Diagnose stellen, gegebenenfalls den Tierarzt konsultieren und Medikamente genau nach Gebrauchsanweisung dosieren.
- Kranke Tiere ggf. im separaten Becken behandeln, tote entfernen. Verwendete Netze ebenfalls behandeln und anschließend mit kochend heißem Wasser abspülen.
- Nach jedem Medikamenteneinsatz im Becken beste Filterkohle einsetzen. Nach 3 Tagen entfernen, Teilwasserwechsel vornehmen, düngen und Starterbakterien zugeben. ■

FISCHE
richtig füttern

DIE LEBENSDAUER, Fitness und Farbenpracht sowie die Fortpflanzungsfähigkeit der Fische hängen auch von der Qualität und Menge ihrer Nahrung ab.

Fertigfutter

Für unsere Aquarienfische haben Wissenschaftler Futtermittel entwickelt, die durch ihre ausgewogene Zusammensetzung und fischgerechte Darreichungsform der natürlichen Nahrung entsprechen und dieser durch gleichbleibende Qualität sogar überlegen sind – ob Flocken, Granulat oder Futtertabletten. Sie enthalten alle wichtigen Nährstoffbausteine, Aminosäuren, Mineralstoffe, Spurenelemente und Vitamine. Achten Sie darauf, dass das Fischfutter in einer luftdichten, feuchtigkeits- und lichtgeschützten Verpackung möglichst frisch angeboten wird. Gutes Futter wird gierig gefressen. Es schwimmt lange genug oben (für Oberflächenfische), sinkt ganz langsam (für die Fische der mittleren Wasserzone) und bleibt am Boden lange genug kompakt, sodass auch die Bodenfische noch genügend Nahrung finden. Auch für Jungfische und Nahrungsspezialisten gibt es spezielle Futtersorten. Hauptfutter und Tabletten dürfen nicht das Wasser trüben.

Futtertabletten Sie lösen sich im Wasser nur langsam auf und viele Fische können sich daran bedienen.

Lebendfutter Dazu gehören Tubifex, Mückenlarven, Wasserflöhe und der im Bild gezeigte Bachflohkrebs.

Tubifex Bachröhrenwürmer, die viele Fische gerne fressen, werden vorher gewässert, damit sie sauber sind.

Lebendfutter

Es gibt aber auch fleischfressende Arten wie manche Hechtlinge und einige Barsche, die auch den Bewegungsreiz zum Beutefang brauchen. Sie benötigen Lebendfutter. Für sie werden im Handel Bachröhrenwürmer (Tubifex) angeboten – allerdings immer seltener, weil sie aus stark verschmutzten Gewässern stammen. Wasserflöhe und Cyclops sind schon recht selten geworden. Ebenso die Larven der Büschelmücken (Rote Mückenlarven), die nur gut gewässert in Maßen gefüttert werden sollten. Schwarze Mückenlarven stellen eine gute Nahrung dar. Nur schlüpfen sollten sie nicht, weil die erwachsenen Weibchen stechen.

Leider eignen sich die Futtertiere aus natürlichen Gewässern wegen ihrer Verschmutzung immer weniger. Zudem sind viele Gewässer geschützt oder an Angler bzw. Nutzfischzüchter verpachtet. Und vielerorts sind „Tümpler" nicht gern am Wasser gesehen. Der Natur entnommenes Futter bringt außerdem die Gefahr mit sich, dass man ungebetene Gäste wie Krankheitserreger und Parasiten, Schnecken und Hydren einschleppen kann.

Einen Kompromiss zwischen „natürlicher Nahrung" und Fertigfutter stellen tiefgefrorene Futtertiere dar. Tauen Sie sie vor dem Verfüttern in einem Netz unter fließendem Wasser auf und reichern Sie sie gegebenenfalls mit Flüssigvitamin an. Großfische lieben auch größere Brocken. Für sie gibt es großes Frostfutter, Regen- oder Mehlwürmer, Grillen usw. zu kaufen.

Wie und wann füttern?

Um den Beutetrieb und die Fangreflexe der Fische anzusprechen, sollten Sie das Futter nicht nur abwechslungsreich zusammenstellen, sondern auch an wechselnden Stellen im Aquarium anbieten. Am besten geht dies mit einem Dosierlöffel oder Futterspender. Tablettenfutter auf dem Boden ruft sofort Welse, Schnecken oder Garnelen auf den Plan, die man sonst selten sieht. Um eine Überfütterung zu vermeiden, geben Sie nur so viel, wie in wenigen Minuten verzehrt wird. Mehrmals täglich wenig zu füttern, ist besser als einmal zu viel. Die Uhrzeit ist dabei egal. Eine Stunde vor dem Ausschalten des Lichts wird allerdings nichts mehr gegeben, sonst wird das Futter nicht mehr gefressen. ■

Fische füttern
UND BEOBACHTEN

❶ *Immer oben unterwegs*

An der Körperform vieler Fische kannst du schon erkennen, in welcher Wasserzone im Aquarium sie sich aufhalten und ihre Nahrung suchen. Dieser Beilbauchfisch ist ein ausgesprochener Oberflächenfisch mit „oberständigem" Maul.

❷ *Ab durch die Mitte*

Viele Schwarmfische, wie diese Roten Neon, nutzen die mittleren Wasserzonen im Aquarium. Achte bei der Fischauswahl für dein Aquarium darauf, dass die Tiere in unterschiedlichen Wasserzonen leben!

Futterspaß am Glas ❸

Drücke Futtertabletten an die Aquarienscheibe. Dann kannst du die Fische beim Fressen beobachten. Eine gute Gelegenheit, um zu schauen, ob auch alle Aquarienbewohner gesund und munter sind.

Saugen und Raspeln ❹

Viele bodenlebende Fische wie dieser Wels saugen und raspeln ihre Nahrung von den Aquarienscheiben, Steinen und Wurzeln ab. Ihr Maul ist wie eine Saugscheibe ausgebildet.

Heimlichtuer am Boden ❺

Fische wie diese Prachtschmerlen, die sich die meiste Zeit am Boden aufhalten, haben eine gerade Bauchlinie und ein nach unten weisendes Maul. Sie fressen überwiegend am Boden und brauchen „eigene" Nahrung in Form von Futtertabletten.

45

RICHTIGE
Pflanzenpflege

SCHWIMMPFLANZEN dürfen wegen des Lichts nur 10 – 20 % der Wasseroberfläche bedecken. Lichten Sie also rechtzeitig aus und „bändigen" Sie die Pflanzen in einem Futterring. Wasserlinsen werden sofort abgefischt. Stängelpflanzen können Sie gut mit einem scharfen Messer einkürzen und die oberen Enden wieder neu setzen.

> **TIPP: KLEINE PFLANZENGRÜPPCHEN**
> Setzen Sie alle Pflanzen in kleinen Gruppen, außer den Solitärpflanzen. Stängelpflanzen wirken von vorn nach hinten abgestuft am besten.

Pflanzenernährung

Der bei der Einrichtung des Aquariums eingebrachte Langzeitdünger reicht auf Dauer nicht aus, denn die Pflanzen entziehen dem Wasser über ihre Wurzeln und Blätter Nährstoffe.
Geben Sie daher bei jedem Wasserwechsel einen Spezialdünger (der auch Kalium enthält) nach Gebrauchsanweisung hinzu.
Das schnell verbrauchte und oxidierende Eisen wird möglichst täglich zugegeben (regelmäßig mit Fe-Test messen).

Blattschäden Guter Pflanzendünger kann Mangelerscheinungen vorbeugen. Entfernen Sie unschöne Blätter.

Stängelpflanzen Wenn sie zu lang geworden sind, kann man sie unten einkürzen und wieder neu stecken.

Pflanzenaquarien Sie brauchen etwas Pflege, um so schön auszusehen: Düngen, einkürzen, umgruppieren.

Außerdem brauchen die Pflanzen CO_2 in Gasform. Der Zoofachhandel bietet dafür einfach zu bedienende Dosiersysteme für jeden Aquarientyp an – bis hin zur Hightechausführung mit automatischer Steuerung. Achten Sie beim Kauf von CO_2-Depot-Anlagen auf Qualität!

Oben offene Aquarien bieten weitere Möglichkeiten, attraktive Pflanzen zu kultivieren, denn diese können aus dem Aquarium herauswachsen. Manche Arten blühen oberhalb des Wassers. Solche Becken werden mit an der Decke aufgehängten, leistungsfähigen Strahlern beleuchtet. ■

Pflanzendünger Er wird genau nach den Angaben des Herstellers dosiert – ein Zuviel begünstigt Algenwachstum.

NÜTZLICHE WASSERPFLANZEN
- produzieren lebenswichtigen Sauerstoff,
- entgiften das Wasser,
- manche wirken antibiotisch,
- verwerten Abfallstoffe und bauen dabei schädliche Stickstoffverbindungen ab;
- ihre Wurzeln halten den Bodengrund locker,
- sie sind Nahrungskonkurrenten der Algen,
- dienen manchen Fischen als Nahrung,
- dienen als Verstecke, Reviergrenzen, Laichsubstrat,
- bieten Lebensraum für Kleinlebewesen,
- sind wunderschöne Dekorationselemente,
- gestalten Lebensräume, die der Natur ähneln,
- lassen sich vermehren.

HILFE BEI
Pflanzen-problemen

Problem	Ursache	Abhilfe
Blätter haben Löcher.	Fraßstellen durch Fische oder Schnecken; Mangel-erscheinungen.	Verursacher ermitteln, eventuell Pflanzen austauschen. Pflanzendünger wechseln. Regelmäßiger Teilwasser-wechsel gegen zu hohe Nitratwerte.
Pflanzen werden gelb, wachsen nicht.	Nährstoffmangel; zu wenig CO_2; Bodengrund fault. Zu wenig Licht.	Gute Volldünger; CO_2-Menge erhöhen; Leuchtstoffröhren mit 3 Tagen Abstand erneuern (sie verlieren nach 6 – 8 Monaten Lebensdauer erheblich an Leuchtkraft!).
Wasserkelche faulen ab.	Wasserschock; Nitratüber-schuss; Bakterien; Lichtschock durch gleichzeitiges Wechseln aller Röhren.	Teilwasserwechsel; über Torf filtern; Wasser-aufbereitungsmittel.
Blätter liegen flach auf dem Boden.	Falsche Lichtfarbe oder Röhre.	Lampen oder Röhren mit höherem Blauanteil verwenden.
Stängel wachsen übermäßig in die Höhe, sind blass oder gelb.	Falsche Lichtfarbe; zu wenig Licht; zu kurze Beleuchtungs-dauer; zu wenig CO_2; mangelhafte Düngung. Eisenmangel.	Beleuchtung optimieren (evtl. mehr Rotanteil); CO_2 erhöhen; guter Volldünger; ggf. Eisendünger.

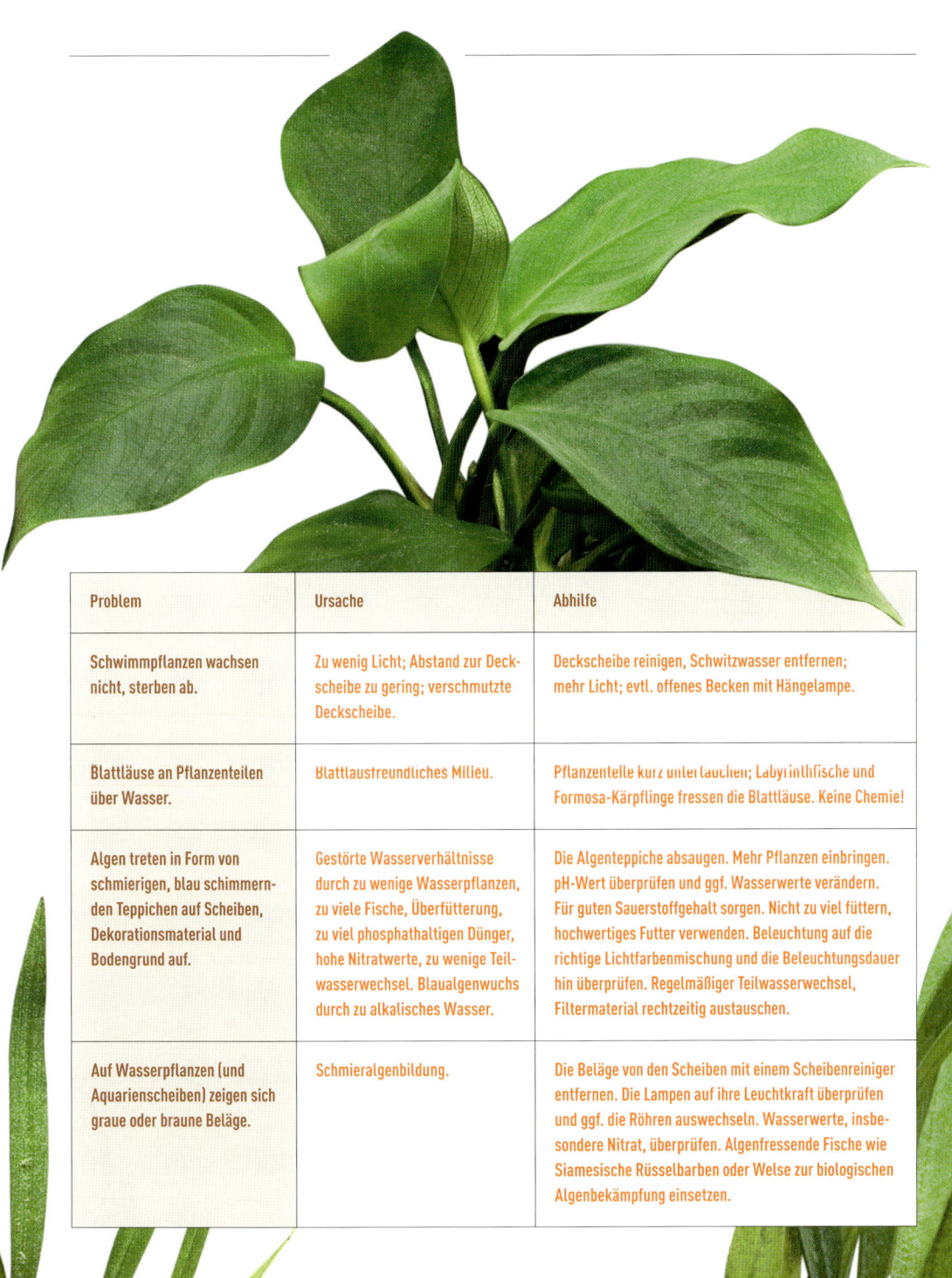

Problem	Ursache	Abhilfe
Schwimmpflanzen wachsen nicht, sterben ab.	Zu wenig Licht; Abstand zur Deckscheibe zu gering; verschmutzte Deckscheibe.	Deckscheibe reinigen, Schwitzwasser entfernen; mehr Licht; evtl. offenes Becken mit Hängelampe.
Blattläuse an Pflanzenteilen über Wasser.	Blattlausfreundliches Milieu.	Pflanzenteile kurz untertauchen; Labyrinthfische und Formosa-Kärpflinge fressen die Blattläuse. Keine Chemie!
Algen treten in Form von schmierigen, blau schimmernden Teppichen auf Scheiben, Dekorationsmaterial und Bodengrund auf.	Gestörte Wasserverhältnisse durch zu wenige Wasserpflanzen, zu viele Fische, Überfütterung, zu viel phosphathaltigen Dünger, hohe Nitratwerte, zu wenige Teilwasserwechsel. Blaualgenwuchs durch zu alkalisches Wasser.	Die Algenteppiche absaugen. Mehr Pflanzen einbringen. pH-Wert überprüfen und ggf. Wasserwerte verändern. Für guten Sauerstoffgehalt sorgen. Nicht zu viel füttern, hochwertiges Futter verwenden. Beleuchtung auf die richtige Lichtfarbenmischung und die Beleuchtungsdauer hin überprüfen. Regelmäßiger Teilwasserwechsel, Filtermaterial rechtzeitig austauschen.
Auf Wasserpflanzen (und Aquarienscheiben) zeigen sich graue oder braune Beläge.	Schmieralgenbildung.	Die Beläge von den Scheiben mit einem Scheibenreiniger entfernen. Die Lampen auf ihre Leuchtkraft überprüfen und ggf. die Röhren auswechseln. Wasserwerte, insbesondere Nitrat, überprüfen. Algenfressende Fische wie Siamesische Rüsselbarben oder Welse zur biologischen Algenbekämpfung einsetzen.

Wasserwechsel
UND AQUARIENPFLEGE

EIN AQUARIUM mit schönen Pflanzen, bunten Fischen und klarem Wasser zieht die Blicke auf sich und es macht Spaß, den Fischen zuzuschauen. Allerdings bedarf es einiger Handgriffe, sonst hat man schnell ein ungepflegtes Becken, das man nur durch eine dicke Algenschicht erahnen kann. Nicht gerade der Traum eines Aquarianers!

Täglich prüfender Blick

Funktionieren alle technischen Geräte? Prüfen Sie die Wassertemperatur und schauen Sie nach, ob der Filter arbeitet und der Wasserdurchfluss funktioniert. Ein Blick auf die Schlauchanschlüsse kann auch nicht schaden: Ist alles trocken oder tropft es irgendwo?

Füttern Sie die Fische und beobachten Sie, ob alle gesund sind und Appetit haben. Schwimmen sie gemächlich durchs Becken, ohne nach Luft zu schnappen? Leuchtende Farben deuten auf Wohlbefinden hin. Sollte ein Fisch gestorben sein, muss er so schnell wie möglich aus dem Becken entfernt werden. Lose Pflanzenteile sollten ebenfalls aus dem Becken entfernt werden.

Wasserwechsel

Alle ein bis zwei Wochen wird ein Viertel des Beckenwassers gewechselt. Schalten Sie zuvor alle technischen Geräte aus, damit Heizung und Filter nicht trockenlaufen. Spülen Sie das oberste Filtermaterial, das die Schwebeteilchen abfängt, vorsichtig mit kaltem Wasser aus (heißes würde

Wasserwechsel Dabei wird Nitrat, das Abbauprodukt der Filterbakterien, aus dem Wasser entfernt.

Scheiben reinigen Mit dem magnetischen Scheibenreiniger können Sie von außen die Algen an der Innenseite entfernen.

Mulmglocke Sie wird beim Wasserwechsel wie ein Staubsauger verwendet und entfernt Mulm und Futterreste.

die wertvollen Bakterien abtöten). Das restliche Filtermaterial bleibt unberührt. Putzen Sie die Scheiben mit einem Algenmagnet oder Scheibenreiniger. Entfernen Sie gelbe Blätter und Stängel. Tauchen Sie die Mulmglocke mitsamt Schlauch ins Becken und lassen Sie alle Luft aus dem den Schlauch entweichen. Jetzt können Sie das Schlauchende mit dem Daumen verschließen und es in den tiefer stehenden Eimer halten. (Benutzen Sie den Eimer ausschließlich zum Wasserwechsel!) Saugen Sie mit der Mulmglocke Futterreste und den Kot der Fische vom Bodengrund. Füllen Sie das Becken anschließend mit temperiertem Leitungswasser auf. Sollte das Leitungswasser in Ihrer Gegend stark von den optimalen Wasserwerten Ihres Aquariums abweichen, schadet es nicht, etwas Wasseraufbereitungsmittel hinzuzufügen. Säubern Sie die abgenommene Deckscheibe und den oberen Beckenrand vorsichtig mit 10 %iger Salzsäure. Testen Sie alle ein bis zwei Wochen Karbonathärte, pH, Eisen und Sauerstoff – möglichst immer zur gleichen Tageszeit.

Monatlich

Messen Sie den Nitratgehalt (bei mehr als 40 mg/l Nitrat ⅓ Wasser wechseln). Säubern Sie, je nach Verschmutzungsgrad, einen Teil des Filtermaterials mit lauwarmem Wasser oder erneuern Sie dieses Material; geben Sie ein Bakterienpräparat zu.
Kürzen Sie Stängelpflanzen ein und setzen Sie Kopfstecklinge und zu lang gewordene Seitentriebe neu. Lichten Sie die Schwimmpflanzen aus. Kontrollieren Sie den CO_2-Vorrat zur Düngung. Schrubben Sie Wurzeln und größere Steine unter fließendem Wasser mit einer Bürste.

In größeren Abständen

Säubern Sie alle drei Monate den Pumpenkopf des Filters. Tauschen Sie alle acht bis zehn Monate die Leuchtstoffröhren aus (nicht alle auf einmal, sondern mit einer Woche Abstand). Frischen Sie einmal jährlich die Bodengrunddüngung mit Düngekugeln auf. ■

HILFE BEI
Fischkrankheiten

Ist das Aquarium den gepflegten Fischarten entsprechend eingerichtet und die Wasserwerte stimmen, hat man eine gute Basis. Bei nicht zu hohem Besatz, einer harmonischen Vergesellschaftung und abwechslungsreicher Ernährung sind die Voraussetzungen für gesunde Fische gegeben. Dennoch besteht die Gefahr, dass man beispielsweise beim Neukauf von Fischen Erreger in das Aquarium einschleppt.

Weißpünktchenkrankheit

Der Außenparasit *Ichthyophthirius multifiliis*, ein einzelliges Wimpertierchen, befällt bevorzugt geschwächte Tiere.

ANZEICHEN Kleine weiße Pünktchen (0,2 – 1 mm) auf Körper, Kiemen und Flossen. Die Tiere scheuern sich, zeigen auch Flossenklemmen, Apathie und Appetitlosigkeit.

ABHILFE Medikamente aus dem Zoofachhandel gegen Ichthyo. Nach Gebrauchsanweisung anwenden, bis alle Pünktchen weg sind. Haltungsbedingungen und Wasserwerte überprüfen.

Samtkrankheit

Die Samtkrankheit wird durch den Parasiten *Oodinium pillularis* hervorgerufen, ein Geißeltierchen.

ANZEICHEN Samtartig graue Beläge auf der Haut. Die Fische scheuern sich und magern ab. Haut und Flossen lösen sich auf. Wenn die Kiemen befallen sind, schnappen die Fische vermehrt nach Luft.

ABHILFE Medikamente aus dem Fachhandel. Eine mehrtägige Abdunkelung des Aquariums kann helfen.

Flossenfäule

Einzellige Außenparasiten wie *Costia, Chilodonella, Trichodina, Trichodinella, Tripartiella, Tetrahymena* sind für die Flossenfäule verantwortlich.

ANZEICHEN Graue, flächige Infektstellen an Haut und Flossen. Die Fische scheuern und winden sich, sind träge, Haut und Flossen lösen sich auf.

ABHILFE Heilmittel nach Gebrauchsanweisung. Zuvor ⅓ des Wassers wechseln. Während der Behandlung nur über Watte filtern. Danach Teilwasserwechsel und für 3 bis 4 Tage über Aktivkohle filtern.

Pilzbefall

Mit *Saprolegnia* („Fischschimmel") infizierte Wunden und Hautrisse.

ANZEICHEN Wunde, verpilzte Stellen am Maul und auf den Flossen. Wattebauschähnliche Stellen.

Vorbeugung Die beste Prophylaxe gegen Fischkrankheiten sind gute Wasserbedingungen und hochwertiges Futter.

ABHILFE Heilmittel gegen Pilze aus dem Zoofachhandel. Ursache für Verletzung und Schwächung ermitteln und beheben, z. B. bissige Fische, scharfkantiger Bodengrund, schlechte Wasserverhältnisse.

Vergiftung

Hohe Nitrit- und Ammoniumgehalte sind oft Ursache für Vergiftungen. Auch Sauerstoffmangel, zu hohe oder zu niedrige pH-Werte (Laugen- oder Säurekrankheit) sind für Vergiftungserscheinungen verantwortlich.

ANZEICHEN Fische atmen sehr schnell, schnappen an der Oberfläche nach Luft, versuchen aus dem Becken zu springen, schwimmen ruckartig, zuckend. Kiemen stark gerötet. Die Farben der Fische verblassen.

ABHILFE Stark durchlüften, Sauerstofftabletten; Ursache ermitteln und abstellen. Temperatur und Gerätefunktion überprüfen.

- Bei Laugenschaden (pH über 8,5): Teilwasserwechsel, Zugabe von Torfextrakt, Torffilterung, eventuell ein Wasseraufbereitungssysteme einsetzen.
- Bei Säureschaden (pH unter 5,5): Teilwasserwechsel mit gepuffertem Wasser (Puffersubstanzen aus dem Zoofachhandel), über Korallensand oder Marmorsplitt filtern.

- Bei Ammoniak- oder Nitritvergiftung: das Wasser bis auf pH 6,7 ansäuern (mit Mitteln aus dem Zoofachhandel). pH- und KH-Werte prüfen.
- Bei Vergiftung durch Pflanzenschutzmittel, Insekten- oder Haushaltssprays: Teilwasserwechsel mit Wasseraufbereitungsmittel, eventuell über Kohle filtern und für starke Durchlüftung sorgen.

Glotzaugen

Verschiedene Krankheiten kommen hier als Ursache infrage.

ANZEICHEN Ein oder beide Augen treten stark hervor.

ABHILFE Spezielle Medikamente. Bauchwassersucht sollte ausgeschlossen werden.

Bauchwassersucht

Meist sind schlechte Wasserverhältnisse verantwortlich.

ANZEICHEN Flüssigkeitseinlagerung verursacht ein Anschwellen des Körpers. Abstehende Schuppen, hervorquellende Augen.

ABHILFE Für gute Wasserqualität sorgen. Medikamente aus dem Zoofachhandel nach Gebrauchsanweisung anwenden.

DAS AQUARIUM
im Urlaub

WEGEN DES AQUARIUMS braucht man auf den wohl-verdienten Urlaub nicht zu verzichten. Günstig ist, wenn das Becken groß, maßvoll mit Fischen besetzt und gut bepflanzt ist. Hier stellt sich ein stabileres Milieu ein als in kleinen Becken. Zudem können Sie das Aquarium rechtzeitig mit weni-gen Handgriffen für die Zeit Ihrer Abwesenheit vorbereiten.

Vorbereitungen

Wichtig ist, dass drei Wochen vor dem Urlaub keine neuen Fische mehr eingesetzt werden, damit keine Krankheiten eingeschleppt werden. Fünf Tage vor Urlaubsantritt wird der Filter noch einmal gereinigt und dabei stark ver-schmutztes Filtermaterial ausgetauscht. Geben

Urlaub Ihre Fische werden problemlos damit zurechtkommen, wenn das Aquarium gut gepflegt und nicht überbesetzt ist.

Sie ein Bakterienpräparat zu. Anschließend prüfen Sie alle technischen Geräte auf ihre einwandfreie Funktion.

Drei Tage vor dem Urlaub wird ⅓ des Wassers gewechselt und ein Wasseraufbereitungsmittel zugegeben. Die Zeitschaltuhr stellen Sie so ein, dass die Beleuchtung jeden Tag um 14 Uhr an- und um 24 Uhr ausgeht. Das hat den positiven Nebeneffekt, dass das Licht auch Einbrecher abschreckt.

Futter für die Fische

Einige Fastentage haben noch keinem Fisch geschadet. Bei einer längeren Abwesenheit verwenden Sie einen Futterautomaten. Wichtig ist, als Tagesration die Hälfte der normalen Futtermenge einzustellen und den Automaten schon einige Tage vor der Abreise in Betrieb zu nehmen, um überprüfen zu können, ob alles reibungslos funktioniert.

Wenn Freunde oder Bekannte die Fische füttern sollen, wird das Futter am besten in Tagesrationen bereitgelegt. Aus missverstandener Sorgfalt wird sonst leicht zu viel gegeben, was das Wasser belastet.

Infos für den Pfleger

Wenn die Urlaubsvertretung kein erfahrener Aquarianer ist, erklären Sie alles ausführlich und geben Sie ihm sicherheitshalber eine schriftliche Anweisung, wie die Temperatur und die Gerätefunktionen überprüft werden sollen und was im Notfall zu tun ist.

Hinterlassen Sie für alle Fälle die Anschrift und Telefonnummer Ihres Zoofachhändlers oder Ihres Tierarztes und wo Sie selbst im Urlaub erreichbar sind. ■

URLAUBSPFLEGE
1. **Füttern** Lieber zu wenig als zu viel geben.
2. **Futterautomat** Er nimmt die Arbeit ab.
3. **Thermometer** Stimmt die Temperatur?

Aquarienfische im
PORTRÄT

FISCHGRUPPEN

S. 60

Salmler

Salmler sind die typischen Schwarmfische mit oft auffälligen Signalfarben. Die meisten Arten kommen aus Südamerika. Sie brauchen leicht saures, weiches, sauerstoffreiches Wasser. Die wendigen Schwimmer fühlen sich in geräumigen Aquarien wohl.

S. 62

Karpfenfische

Karpfenfische sind in Asien und Afrika beheimatet, einige Arten auch in Nordamerika. Zu dieser Gruppe gehören Barben und Bärblinge, darunter sind viele beliebte Aquarienfischarten. Karpfenfische sind leicht zu pflegen. Viele sind Schwarmfische oder leben in einer losen Gruppe.

S. 64

Labyrinthfische

Labyrinthfische leben in Afrika und Asien. Namensgebend ist ihr zusätzliches Atmungsorgan im Kopf, das Labyrinth. Sie holen Luft an der Wasseroberfläche und können daher auch warme, trübe, sauerstoffarme Lebensräume wie Reisfelder besiedeln.

S. 66

S.72

Welse

Welse führen ein eher verstecktes Leben im unteren Bereich des Aquariums. Sie brauchen feinen runden Kies als Bodengrund, damit sie sich bei der Futtersuche die Barteln nicht verletzen. Sie werden am besten gezielt am Boden gefüttert, z. B. mit Futtertabletten.

Buntbarsche

Buntbarsche stammen hauptsächlich aus Afrika, Mittel- und Südamerika. Die Eier werden offen, in Höhlen oder in leeren Schneckenhäusern abgelegt oder sogar im Maul ausgebrütet. Je nach Art übernehmen die Eltern das Bewachen und Umsorgen der Jungfische.

S. 68

Lebendgebärende Zahnkarpfen

Diese Fische legen keine Eier, sondern bringen Larven bzw. Jungfische zur Welt, die gleich fressen und schwimmen können. Die Kleinen brauchen dicht bepflanzte Bereiche im Aquarium, um sich zu verstecken. Die Männchen sind am Gonopodium zu erkennen, den zum Begattungsorgan umgestalteten Afterflossen.

Salmler
BUNTE SCHWARMFISCHE

Glühlichtsalmler
Hemigrammus erythrozonus

Heimat Republik Guyana
Merkmale Der Glühlichtsalmler ist ein ruhiger, friedlicher Schwarmfisch, der durch seine leuchtenden Streifen besonders in dicht bepflanzten Becken mit dunklem Bodengrund wirkt. Am besten hält man einen kleinen Scharm mit mindestens 6 Tieren. Die kleinen Glühlichtsalmler (Länge 4,5 cm) sind gut mit anderen Fischarten zu vergesellschaften. Sie bevölkern den mittleren und unteren Bereich des Aquariums.
Haltung Becken ab 60 cm, 22 – 26 °C, Wasser weich/mittelhart, pH 6 – 7,5
Futter Flockenfutter, Frost- und gefriergetrocknetes Futter

Schlusslichtsalmler
Hemigrammus ocellifer

Heimat Amazonien (Brasilien)
Merkmale Auch der Schlusslichtsalmler ist ein friedlicher Schwarmfisch, der gern in der Gruppe unterwegs ist (mindestens 6 Tiere halten). Er fühlt sich in dicht bepflanzten Aquarien mit dunklem Bodengrund besonders wohl und ist meist im unteren Bereich des Aquariums anzutreffen. Mit ähnlich ruhigen Aquarienfischen ist der Schlusslichtsalmler gut zu vergesellschaften. Im Bild ist die Unterart *Hemigrammus ocellifer pulcher* zu sehen.
Haltung Becken ab 60 cm, 24 – 28 °C, Wasser weich/mittelhart, pH 6 – 7,5
Futter Flockenfutter, Frost- und gefriergetrocknetes Futter

Für Salmler typisch ist die kleine Fettflosse, die zwischen Rücken- und Afterflosse liegt.

Roter von Rio
Hyphessobrycon flammeus

Heimat Brasilien (am Stadtrand von Rio de Janeiro)

Merkmale Der Rote von Rio wird nur etwa 4 cm lang. Auch er ist ein Schwarmfisch, der sich nur in Gesellschaft von Artgenossen wohlfühlt und sich im mittleren bis unteren Bereich des Aquariums aufhält. Mindestens 6 Tiere sollten es sein, in größeren Becken auch mehr. Das Aquarium sollte an den Seiten und im Hintergrund gut bepflanzt sein und einen nicht zu hellen Boden haben. Eine Vergesellschaftung mit anderen ruhigen Fischen ist möglich.

Haltung Becken ab 50 cm, 20 – 26 °C, Wasser weich/mittelhart, pH 6 – 7,5

Futter Flockenfutter, Frost- und gefrier-getrocknetes Futter

Roter Neon
Paracheirodon axelrodi

Heimat Kolumbien, Venezuela, Brasilien

Merkmale Der Rote Neon ist einer der beliebtesten Aquarienfische und wird in großer Anzahl nachgezüchtet. Wie die meisten Salmler lebt auch er im Schwarm und kommt als Gruppe im Aquarium auch erst richtig zur Geltung. Mindestens 6 Tiere sollten es sein, in größeren Becken auch mehr. Der kleine Salmler (4 – 5 cm) bevorzugt dicht bepflanzte Becken mit freiem Schwimmraum dazwischen und hält sich in der mittleren bis unteren Zone des Aquariums auf.

Haltung Becken ab 60 cm, 23 – 25 °C, Wasser weich, pH 5 – 7

Futter Flockenfutter, kleines Lebendfutter

Karpfenfische
BARBEN UND BÄRBLINGE

Leopardbärbling
Brachydanio frankei

Heimat Zuchtform

Merkmale Der attraktiv getupfte Leopardbärbling, auch Perlbärbling oder Tüpfelbärbling genannt, ist eine Zuchtform des Zebrabärblings (*Brachydanio rerio*), der aus Südostasien stammt. Der Schwarmfisch (mindestens 8 Tiere halten) ist ein lebhafter Schwimmer, der sich im mittleren bis oberen Bereich des Aquariums aufhält und leicht zu züchten ist. Daher gehört er seit seinem Auftauchen im Zoofachhandel zum Standardsortiment. Länge: 5 – 6 cm.

Haltung Becken ab 60 cm, 22 – 26 °C, Wasser weich/mittelhart, pH 6,5 – 7,5

Futter Flockenfutter, Frost- und gefriergetrocknetes Futter

Siamesische Rüsselbarbe
Crossocheilus siamensis

Heimat Thailand

Merkmale Siamesische Rüsselbarben werden auch gern als „Putzerfische" eingesetzt, da sie im Aquarium von Steinen und Wurzeln die Algen abweiden. Sie fühlen sich in nicht zu kleinen, dicht bepflanzten Becken wohl, die genügend glatte Steine und Wurzeln aufweisen. Die 12 – 14 cm langen Rüsselbarben halten sich zumeist im unteren Bereich des Aquariums auf. Man hält einen Schwarm von mindestens 6 Tieren.

Haltung Becken ab 80 cm, 22 – 28 °C, Wasser huminsäurehaltig, weich/mittelhart, pH 6,5 – 7,5

Futter Futtertabletten mit hohem Pflanzenanteil

Viele Karpfenfische gründeln gern auf der Suche nach Futter und wirbeln dabei den Bodengrund auf.

MEHR KARPFENFISCHE Hier finden Sie sieben weitere Karpfenarten, die leicht zu halten sind. Unter www.m.kosmos.de/13940/tb4 erhalten Sie die gleichen Infos.

Bitterlingsbarbe
Puntius titteya

Heimat Südostchina
Merkmale Die kleinen Bitterlingsbarben (Länge bis 5 cm) fühlen sich in gut bepflanzten Becken mit freiem Schwimmraum, Versteckmöglichkeiten und dunklem Bodengrund wohl und halten sich im mittleren bis unteren Beckenbereich auf. Auch die Bitterlingsbarben sind Schwarmfische, die in Gruppen ab 5 Tieren gehalten werden sollten. Da es zu Streitereien unter den Männchen kommen kann, pflegt man 2 Männchen auf 3 Weibchen (diese sind unscheinbarer gefärbt und rundlicher). Vergesellschaftung mit ruhigen Fischen.
Haltung Becken ab 60 cm, 22 – 28 °C, Wasser weich/mittelhart, pH 6 – 7,2
Futter Flockenfutter, Hafttabletten

Keilfleckbarbe
Trigonostigma heteromorpha

Heimat Malaiische Halbinsel, Sumatra
Merkmale Die kleinen Keilfleckbarben (Länge 4,5 cm), die vor rund 100 Jahren nach Europa kamen, gehören zu den beliebtesten Aquarienfischen. Sie leben im Schwarm, daher eine Gruppe von mindestens 8 Tieren halten. Eine Vergesellschaftung mit friedlichen Arten ist möglich. Keilfleckbarben brauchen dicht bepflanzte Becken mit Schwimmpflanzen, die noch genügend Schwimmraum freilassen. Sie bevölkern die obere und mittlere Wasserzone.
Haltung Becken ab 60 cm, 23 – 28 °C, Wasser mit Torfextrakt aufbereiten, weich/mittelhart, pH 6 – 7,2
Futter Flockenfutter, gefriergetrocknetes Futter, Futtertabletten

Labyrinthfische
BUNT UND SCHILLERND

Siamesischer Kampffisch
Betta splendens

Heimat Südostasien

Merkmale Die bis zu 8 cm langen Kampffische gibt es in unterschiedlichen Farben und mit verschiedenen Flossenformen. Da die Männchen sich untereinander bekämpfen, kann man nur eines halten, evtl. mit 2 – 3 Weibchen. Als Mitbewohner sind friedliche Fische geeignet, die nicht an die Flossen gehen. Am besten pflegt man Kampffische in einem Labyrintherbecken mit gutem Pflanzenwuchs. Die Fische halten sich in den oberen bis mittleren Bereichen des Aquariums auf.

Haltung Becken ab 60 cm, 25 – 30 °C, Wasser weich/mittelhart, pH 6,5 – 7,5

Futter gefriergetrocknete Mückenlarven, Frostfutter, Lebendfutter

Zwergfadenfisch
Colisa lalia

Heimat Indien, Assam, Bangladesch

Merkmale Zwergfadenfische fühlen sich in dicht bepflanzten Aquarien wohl, wo sie sich in der oberen bis mittleren Wasserzone aufhalten. Man kann sie mit ruhigen Fischen vergesellschaften, die nicht an den fadenartig ausgezogenen Bauchflossen der Fadenfische knabbern. Es gibt mehrere Farbvarianten. Die bunten (bis 9 cm langen) Männchen haben spitz ausgezogene Rücken- und Afterflossen und sind deutlich größer als die silbrig grauen Weibchen. Man hält sie am besten als Paar.

Haltung Becken ab 60 cm, 25 – 30 °C, Wasser weich/mittelhart, pH 6 – 7,5

Futter Flockenfutter, gefriergetrocknete Insekten, Futtertabletten

Viele Labyrinthfische bauen an der Wasseroberfläche Schaumnester aus schleimumkleideten Luftblasen, in denen der Laich und später die Larven Schutz finden.

Küssender Gurami
Helostoma temminckii

Heimat Malaiische Halbinsel, Sumatra, Borneo
Merkmale Die Küssenden Guramis gelten als „Scheibenputzer" im Aquarium, da sie Algen abweiden. Im Gesellschaftsbecken mit robusten Pflanzen kann man 1 – 2 Paare Guramis zusammen mit ruhigen, robusten Fischen pflegen. Sie halten sich vornehmlich in der mittleren Wasserzone auf. Diese Labyrinthfische bauen kein Schaumnest, sondern geben ihren Laich frei ins Wasser ab. Neben der grünlichen Wildform (bis 25 cm) gibt es rosafarbene Zuchtformen (im Bild), die kleiner bleiben.
Haltung Becken ab 120 cm, 24 – 30 °C, Wasser weich/mittelhart, pH 6,5 – 7,5
Futter große Flockenfutter, Tabletten

Mosaikfadenfisch
Trichogaster leeri

Heimat Malaysia, Sumatra, Borneo
Merkmale Die attraktiven, bis zu 12 cm langen Mosaikfadenfische eignen sich für die Pflege in dicht bepflanzten Gesellschaftsbecken, zusammen mit ruhigen, friedfertigen Arten. Schwimmpflanzen bieten Deckung sowie Halt für das Schaumnest. Man hält 1 Männchen auf 2 Weibchen; die Männchen der Mosaikfadenfische sind an der orange-roten Färbung an Brust und Bauch sowie der spitz endenden Rückenflosse zu erkennen.
Haltung Becken ab 120 cm, 25 – 29 °C, Wasser mit Torf aufbereiten, weich/mittelhart, pH 6,5 – 7,5
Futter Flockenfutter, Frostfutter, gefriergetrocknete Insekten, Tabletten

Welse
LEBEN IM VERBORGENEN

Blauer Antennenwels
Ancistrus dolichopterus

Heimat Amazonas-Einzugsgebiet
Merkmale Die bis zu 15 – 20 cm langen Antennenwelse sind dämmerungsaktiv und halten sich tagsüber unter Wurzeln o. Ä. als Unterstand auf. Sie brauchen pflanzenhaltige Kost und veralgte Wurzeln zum Abraspeln. Das Aquarium wird mit robusten Pflanzen und glatten Steinen ausgestattet. Man pflegt ein Paar; die Männchen sind an den namensgebenden Auswüchsen auf dem Kopf zu erkennen, die bei den Weibchen nur sehr klein sind.
Haltung Becken ab 80 cm, 22 – 26 °C, Wasser weich, pH 6 – 7,2
Futter mit hohem Pflanzengehalt, auch Tabletten (bei Futtermangel werden sonst auch Pflanzen gefressen)

Metall-Panzerwels
Corydoras aeneus

Heimat Trinidad bis La Plata
Merkmale Zur Belebung der Bodenzone im Aquarium sind die kleinen Metall-Panzerwelse, die bis zu 6 cm lang werden, bestens geeignet. Ihre Körper glänzen attraktiv, was ihnen den Namen gab. Am besten pflegt man eine Gruppe ab 5 Tieren, wobei 2 Männchen auf 3 Weibchen kommen sollten (die Weibchen wirken rundlicher). Wichtig ist runder, feinkörniger Bodengrund, damit sich die Panzerwelse nicht die Barteln verletzen können.
Haltung Becken ab 60 cm, 20 – 26 °C, Wasser weich/mittelhart, pH 6 – 7,5
Futter spezielle Futtertabletten

Panzerwelse haben keine Schuppen, sondern Knochenplatten. Sie schwimmen gelegentlich an die Wasseroberfläche und schlucken dort Luft, da sie über eine Darmatmung verfügen.

Leopard-Panzerwels
Corydoras leopardus

Heimat Ostbrasilien, Ecuador, Peru
Merkmale Die geselligen Panzerwelse bevölkern die unteren Wasserzonen im Aquarium und sollten im kleinen Schwarm gehalten werden. Der Leopard-Panzerwels, eine leicht zu haltende Art, wird bis zu 7 cm lang. Er kann mit ruhigen Fischarten gut vergesellschaftet werden. Wie alle Panzerwelse braucht er feinsandigen Bodengrund im Aquarium, damit er sich beim Gründeln nicht die Barteln verletzt, und Rückzugsmöglichkeiten.
Haltung Becken ab 80 cm, 20 – 25 °C, Wasser weich/mittelhart, pH 6 – 7,5
Futter Flockenfutter und pflanzliche Beikost

Zwerghanrischwels
Otocinclus cocama

Heimat Amazonas-Einzugsgebiet bis Mündung
Merkmale Die kleinen, auch umgangssprachlich *Otocinclus* genannten Welse werden nur 3,5 bis 5 cm lang. Sie sind ideale Algenfresser für gut bepflanzte Becken, die mit Wurzeln und glatten Steinen ausgestattet sind. Die kleinen Welse halten sich in den unteren Wasserzonen auf. Auch an den Scheiben des Aquariums sieht man sie unermüdlich Algen abraspeln. Man hält die Zwerghanrischwelse als kleine Gruppen mit mindestens 5 Tieren und kann sie gut mit friedlichen, ruhigen Fischarten vergesellschaften.
Haltung Becken ab 50 cm, 20 – 28 °C, Wasser weich/mittelhart, pH 6 – 7,5
Futter Flockenfutter mit hohem Pflanzenanteil, Futtertabletten

LEBENDGEBÄRENDE
Zahnkarpfen

Guppy
Poecilia reticulata

Heimat Trinidad, Venezuela, nördliches Südamerika

Merkmale Wegen seiner Vermehrungsfreudigkeit auch Millionenfisch genannt. Die Zuchtformen unterscheiden sich in der Form der Schwanzflosse. Mit ruhigen Fischen in reich bepflanzten Becken vergesellschaften. Man pflegt 1 Männchen (kenntlich am Gonopodium, der zum Begattungsorgan umgebildeten Afterflosse) auf 3 Weibchen. Trächtige Weibchen in Ablaichkasten mit Javamoos setzen, damit die Jungen nicht gefressen werden. Länge: Männchen 4 – 5 cm, Weibchen 6 cm.

Haltung Becken ab 40 cm, 23 – 26 °C, Wasser mittelhart/hart, pH 6,5 – 8

Futter gefriergetrocknete Mückenlarven, Mikrofutter, Flockenfutter

Spitzmaulkärpfling
Poecilia sphenops

Heimat Mittelamerika, Kolumbien

Merkmale Der bis 7 cm große Spitzmaulkärpfling, wegen seiner tiefschwarzen Färbung auch Black Molly genannt, ist ein beliebter Fisch für den Erstbesatz, der sich in der mittleren bis oberen Wasserzone aufhält. Er weidet Algen ab und fühlt sich in dicht bepflanzten Becken wohl. Mit ruhigen Fischen, insbesondere anderen Lebendgebärenden, kann man ihn gut vergesellschaften. Viele Zuchtformen. Man pflegt 1 Männchen auf 2 – 3 Weibchen (Geschlechtsunterschied siehe Guppy).

Haltung Becken ab 60 cm, 24 – 28 °C, Wasser mittelhart, pH 6,5 – 8

Futter Flockenfutter mit hohem Pflanzenanteil, Futtertabletten

Zu dieser Gruppe gehört der bei Aquarianern beliebte Guppy, ein Anfängerfisch, der in unzähligen Farben und Formen gezüchtet und sogar bei Wettbewerben bewertet wird.

Schwertträger
Xiphophorus helleri

Heimat Mexiko, Mittelamerika
Merkmale Schwertträger sind beliebte, friedliche Schwarmfische für das gut bepflanzte Gesellschaftsbecken, das auch noch genügend freien Schwimmraum bietet. Die Fische halten sich bevorzugt in der mittleren Wasserzone auf. Man kombiniert ein Männchen mit 3 Weibchen (die Männchen sind gut am Gonopodium zu erkennen, siehe links beim Guppy). Es gibt viele Zuchtformen und Farbvarianten des Schwertträgers, auch Formen mit vergrößerten Flossen; Länge 10–12 cm.
Haltung Becken ab 80 cm, 23–26 °C, Wasser mittelhart, pH über 7
Futter Futtertabletten, pflanzliche Hauptnahrung, Spezialitäten

Platy, Spiegelkärpfling
Xiphophorus maculatus

Heimat Mittelamerika, Mexiko
Merkmale Platys sind attraktive und beliebte Fische mit vielen Farbvarianten; die Männchen werden 3,5 cm, die Weibchen 6 cm lang. Sie fühlen sich im dicht bepflanzten Gesellschaftsbecken wohl, das aber auch freien Schwimmraum bieten sollte, und halten sich im mittleren Bereich des Aquariums auf. Man kombiniert 1 Männchen (kenntlich am Gonopodium, siehe Guppy) mit 3 Weibchen. Platys können sich möglicherweise mit Schwertträgern kreuzen. Wer die Fische gezielt vermehren möchte, pflegt daher nur eine Art.
Haltung Becken ab 60 cm, 23–26 °C, Wasser mittelhart/hart, pH 6,5–8
Futter Flockenfutter, Tabletten, Mikrofutter

Nachwuchs
BEI DEN FISCHEN

❶ *Kinderstube im Schaumnest*

Viele Labyrinthfische wie diese Paradiesfische bauen an der Wasseroberfläche Schaumnester aus schleimumkleideten Luftblasen. Darin befinden sich die Eier bis zum Schlupf und auch die geschlüpften Larven werden in der ersten Zeit hier versorgt.

❷ *Eins, zwei, viele*

Einige Fische, z. B. Lebendgebärende Zahnkarpfen, legen keine Eier, sondern bringen voll entwickelte Jungfische zur Welt – hier ein Guppy-Weibchen mit halbwüchsigem Nachwuchs. Guppys sind ziemlich vermehrungsfreudig und die Zucht gelingt fast immer.

Schutz für den Nachwuchs ❸

Buntbarsche legen Eier und viele bewachen ihre Gelege, so wie diese Schmetterlingsbuntbarsche, die ihre Eier auf einem Stein abgelegt haben. Andere Buntbarscharten verbergen ihre Eier in Höhlen oder sogar im eigenen Maul.

Futter für die Kleinen ❹

Diskusfische legen ihre Eier auf senkrechten Flächen ab. Wenn die Jungfische geschlüpft sind, kümmern sich beide Eltern um sie. Eine Besonderheit ist, dass Diskusfische ein schleimiges Hautsekret bilden, von dem sich die Jungfische in den ersten Tagen ernähren.

Buntbarsche
FASZINIERENDE CICHLIEDEN

Agassiz' Zwergbuntbarsch
Apistogramma agassizii

Heimat oberes und mittleres Amazonasgebiet
Merkmale Von diesen bis zu 8 cm langen
Zwergbuntbarschen gibt es einige Farbvarianten.
Sie brauchen ein gut bepflanztes Aquarium,
das mit Wurzelholz und Steinen eingerichtet
wird. Die Zwergbuntbarsche halten sich in den
unteren Wasserzonen auf, und Steinspalten
dienen ihnen als Unterstand. Man hält ein bis
zwei Paar (die Männchen sind an der zuge-
spitzten Schwanzflosse zu erkennen), die sich
mit anderen friedlichen Fischarten gut vergesellschaften lassen.
Haltung Becken ab 80 cm, 24 – 28 °C,
Wasser weich/mittelhart, pH 5,5 – 7,2
Futter vitaminisiertes Frostfutter, Lebendfutter

Türkisgoldbarsch
Melanochromis auratus

Heimat Malawisee
Merkmale Ein Männchen (blauschwarz mit hel-
len Streifen) mit 3 Weibchen (gelb mit schwarzen
Streifen) halten. Das Becken wird mit vielen
Verstecken (Felsaufbauten mit Löchern und
Spalten), robuster Randbepflanzung und Sand-
boden (Körnung 1 – 2 mm) ausgestattet. Die
12 cm langen Maulbrüter lassen sich mit anderen
Buntbarschen aus dem Malawisee vergesellschaf-
ten. Sie halten sich in der unteren bis mittleren
Wasserzone auf.
Haltung Becken ab 100 cm, besser länger;
24 – 28 °C, Wasser gut filtern und aufbereiten,
hart, pH 7,5 – 8,5
Futter mit hohem Pflanzenanteil, Tabletten

Im ostafrikanischen Malawisee und im Tanganjikasee kommen jeweils mehrere Hundert Buntbarscharten vor, von denen viele beliebte Aquarienfische sind. Fasst alle sind endemisch, leben also nur dort.

Kobaltorangebarsch
Melanochromis johannii

Heimat Malawisee

Merkmale Der 10 – 12 cm lange Maulbrüter aus dem afrikanischen Malawisee benötigt eine Beckeneinrichtung mit Felsaufbauten und Sandboden, wie für die Prinzessin von Burundi (siehe Seite 74) beschrieben. Der Kobaltorangebarsch lässt sich mit anderen, gleich großen Malawisee-Buntbarschen vergesellschaften. Man pflegt 1 Männchen (kobaltblau) zusammen mit 3 Weibchen (gelb); die Fische halten sich im Aquarium in der unteren bis mittleren Wasserzone auf.

Haltung Becken ab 100 cm, besser länger; 24 – 28 °C, Wasser hart, pH 7,5 – 8,5

Futter mit hohem Pflanzenanteil, Tabletten

Schmetterlingsbuntbarsch
Microgeophagus ramirezi

Heimat Kolumbien, Venezuela

Merkmale Ein Paar dieser attraktiven, bis 6 cm langen Buntbarsche lässt sich gut im Gesellschaftsaquarium mit friedlichen Fischen der oberen und mittleren Wasserzone halten, da die Schmetterlingsbuntbarsche sich darunter aufhalten. Das Becken dicht bepflanzen und mit Wurzeln und Versteckmöglichkeiten ausstatten. Bei den Männchen ist der erste Strahl der Rückenflosse länger ausgezogen.

Haltung Becken ab 60 cm, 24 – 30 °C; Wasser mit Torf aufbereiten, weich, pH 5 – 7; südostasiatische Nachzuchten: mittelhart, pH 7,5

Futter Frostfutter, Lebendfutter, Mückenlarven, Flockenfutter

WEITERE
Buntbarsche

Prinzessin von Burundi
Neolamprologus brichardi

Heimat Tanganjikasee

Merkmale Die 8 cm lange Prinzessin von Burundi wird auch Feenbarsch oder Gabelschwanzbuntbarsch genannt. Man gestaltet das Aquarium für diese Buntbarsche mit Steinaufbauten voller Löcher und Spalten und genügend Schwimmraum im vorderen Bereich. Bandartige Pflanzen und sehr feinkörniger Kies als Bodengrund vervollständigen die Einrichtung des Aquariums. 4 – 6 Gabelschwanzbuntbarsche werden als Gruppe gepflegt; sie bevölkern die untere und mittlere Wasserzone.

Haltung Becken ab 80 cm, 24 – 27 °C, Wasser hart, pH 7,5 – 8,5

Futter Flockenfutter, Gefriergetrocknetes, Futtertabletten

Smaragdprachtbarsch
Pelvicachromis taeniatus

Heimat Afrika (Kamerun und Nigeria)

Merkmale Diese hübschen kleinen Zwergbuntbarsche erreichen eine Länge von bis zu 8 cm. Es gibt einige farblich unterschiedliche geografische Rassen. Man pflegt nur ein Paar Smaragdbuntbarsche in einem dicht bepflanzten Becken, da die Fische gegen Artgenossen unverträglich sind. Sie bilden im mittleren bis unteren Aquarienbereich ein Revier und beide Elterntiere beteiligen sich an der Aufzucht der Jungfische.

Haltung Becken ab 80 cm, 22 – 26 °C, Wasser weich/mittelhart, pH 6,5 – 7

Futter Lebendfutter, Frostfutter, Futtertabletten

MEHR BUNTBARSCHE Noch nicht die richtige Art dabei? Hier finden Sie sieben weitere Buntbarsche. Unter www.m.kosmos.de/13940/tb5 erhalten Sie die gleichen Infos.

Zwergmaulbrüter
Pseudocrenilabrus multicolor

Heimat Nordostafrika bis Tansania
Merkmale Der Zwergmaulbrüter fühlt sich im bepflanzten Aquarium mit friedlichen Mitbewohnern am wohlsten. Man hält ein Männchen (kenntlich an der zur Laichzeit kräftigeren Färbung) und zwei Weibchen. Die Weibchen brüten die Eier im Maul aus und versorgen später die Jungfische. Zwergmaulbrüter halten sich im Aquarium in der unteren bis mittleren Wasserzone auf.
Haltung Becken ab 60 cm, 23 – 27 °C, Wasser mittelhart/hart, pH 7 – 8
Futter Flockenfutter, Frostfutter, gefriergetrocknetes Futter

Segelflosser, Skalar
Pterophyllum scalare

Heimat Amazonasbecken
Merkmale Der Skalar gilt als der „König" der Aquarienfische. Man pflegt eine kleine Gruppe von 5 – 6 Tieren im Artenbecken oder zusammen mit mittelgroßen, ruhigen Fischarten (kleine werden gefressen). Es gibt mehrere Zuchtformen (Schwarz, Golden, Marmor, Rauch, Schleier). Das Aquarium wird an den Seiten und hinten gut bepflanzt; die majestätischen Fische halten sich im mittleren Beckenbereich auf. Länge: 15 – 25 cm.
Haltung Hohe Becken ab 100 cm Länge, 24 – 28 °C, Wasser über Torf filtern, weich/mittelhart, pH 5 – 7,5
Futter mit Vitaminen angereichertes Frostfutter, Mückenlarven, gutes Flockenfutter

Aquarien-
SERVICE

Zum Weiterlesen

Boden, Ben: **Das Aquaristikbuch für Kids**. Kosmos 2011.

Dreyer, Stephan und Rainer Keppler: **Das neue Kosmos Buch der Aquaristik.** Kosmos 2006.

Hofstätter, Christian W.: **Garnelen & Krebse.** Kosmos 2007.

Kahl, Wally und Burkard und Dieter Vogt: **Kosmos Atlas Aquarienfische.** Kosmos 2013.

Kasselmann, Christel: **Pflanzenaquarien gestalten.** Kosmos 2006.

Kothe, Hans W.: **250 Aquarienfische.** Bestimmen, halten, pflegen. Kosmos 2007.

Kothe, Hans W.: **Aquarien-ABC.** Kosmos 2010.

Untergasser, Dieter: **Krankheiten der Aquarienfische.** Kosmos 2006.

Vierke, Jörg: **Kleine Aquarien.** Kosmos 2010.

Zum Weiterclicken

www.vda-aktuell.de
Verband Deutscher Vereine für Aquarien- und Terrarienkunde e.V.

www.wirbellose.de
Der Arbeitskreis Wirbellose des VDA für Garnelen, Krebse und Schnecken.

www.dcg-online.de
Deutsche Cichlidengesellschaft e.V., die Spezialisten für Buntbarsche

www.igl-home.de
Internationale Gemeinschaft für Labyrinthfische

www.dglz.de
Deutsche Gesellschaft für Lebendgebärende Zahnkarpfen

www.fishbase.org
Eine internationale Datenbank für Aquarienfische

Nützliche Adressen

**Verband Deutscher Vereine für Aquarien-
und Terrarienkunde e. V. (VDA)**
VDA-Geschäftsstelle
Manfred Rank
Tel.: 0 92 51 – 13 12
Fax: 0 92 51 – 96 01 37
vda-geschaeftsstelle@vda-online.de
www.vda-aktuell.de

**Zentralverband Zoologischer Fachbetriebe
Deutschlands e. V. (ZZF)**
Mainzer Str. 10
65185 Wiesbaden
Telefon 06 11 – 44 75 53-0
Fax 06 11 44 75 53-33
info@zzf.de
www.zzf.de

Die Autorin

Angela Beck ist Biologin und hat ihre Diplom-
arbeit über Guppys geschrieben. Sie arbeitet
seit über 20 Jahren als Redakteurin im Heimtier-
programm des Kosmos-Verlages. Ihr Mann
Peter Beck war Sachverständiger für Aquaristik
und Berater in der Zoofachbranche. Er hat
viele Exkursionen zu Zierfisch- und Wasser-
pflanzen-Biotopen in den Tropen unternommen
und die Lebensbedingungen vor Ort kennen-
gelernt. Gemeinsam geben sie ihr Wissen und
ihre Erfahrung in diesem Buch weiter.
Sie können sich mit Ihren Fragen an Angela
Beck wenden. Mailen Sie an die „KOSMOS-
Infoline". heimtier-infoline@kosmos.de

Danke

Wir bedanken uns herzlich bei der Firma Kölle
Zoo Weiterstadt, die uns bei der Ausstattung
der Fotos großzügig unterstützt hat (www.koelle-
zoo.de). Ebenfalls bedanken wir uns bei den
Aquarienfreunden, die sich für das Fotoshooting
zur Verfügung gestellt haben.

Register

IMPRESSUM

Bildnachweis

99 Farbfotos wurden von Frank Teigler für dieses Buch aufgenommen.
Weitere Farbfotos von Burkhard Kahl (18; U2/U3, S. 4, 10, 12, 17, 26 o., 27 beide,
31 o.l., 36, 37, 45 u., 53, 56, 70 u., 71 o., 76, 79), shutterstock (© AkeSake (1; S. 35),
© Julia Kuznetsova (1; S. 49), © S-F (1; S. 33), ©View Apart (1; S. 28/45 M.),
© Tatjana Volgutova (1; S. 24)).

Impressum

Umschlaggestaltung von GRAMISCI Editorialdesign unter Verwendung
von einem Farbfoto von Frank Teigler (U1) und Burkhard Kahl (U4).

Mit 128 Farbfotos

Unser gesamtes Programm finden Sie unter **kosmos.de**.
Über Neuigkeiten informieren Sie regelmäßig unsere
Newsletter, einfach anmelden unter **kosmos.de/newsletter**

Gedruckt auf chlorfrei gebleichtem Papier

© 2015, Franckh-Kosmos Verlags-GmbH & Co. KG, Stuttgart
Alle Rechte vorbehalten
ISBN 978-3-440-13940-0
Redaktion: Alice Rieger
Gestaltungskonzept: GRAMISCI Editorialdesign, München
Gestaltung und Satz: Atelier Krohmer, Dettingen/Erms
Produktion: Angela List
Printed in Italy / Imprimé en Italie

FSC
www.fsc.org
MIX
Papier aus ver-
antwortungsvollen
Quellen
FSC® C023164